工业软件丛书

CAE 仿真软件
ZWSim
及其研发实践

广州中望龙腾软件股份有限公司◎组编

赵婷婷 刘玉峰 谭文俊◎编著

机械工业出版社
CHINA MACHINE PRESS

图书在版编目（CIP）数据

CAE 仿真软件 ZWSim 及其研发实践 / 赵婷婷，刘玉峰，谭文俊编著；广州中望龙腾软件股份有限公司组编 . —北京：机械工业出版社，2023.4
（工业软件丛书）
ISBN 978-7-111-72642-5

Ⅰ. ①C⋯　Ⅱ. ①赵⋯ ②刘⋯ ③谭⋯ ④广⋯　Ⅲ. ①有限元分析 - 应用软件
Ⅳ. ① O241.82-39

中国国家版本馆 CIP 数据核字（2023）第 029848 号

CAE 仿真软件 ZWSim 及其研发实践

出版发行：机械工业出版社（北京市西城区百万庄大街 22 号　邮政编码：100037）

策划编辑：王　颖　　　　　　　　　　　　责任编辑：冯秀泳
责任校对：李　杉　　王　延　　　　　　　责任印制：郜　敏
印　　刷：三河市宏达印刷有限公司　　　　版　　次：2023 年 5 月第 1 版第 1 次印刷
开　　本：170mm×240mm　1/16　　　　　印　　张：12.25
书　　号：ISBN 978-7-111-72642-5　　　　定　　价：79.00 元

客服电话：（010）88361066　68326294　　　投稿热线：（010）88379604

COMMITTEE

当今世界正经历百年未有之大变局。国家综合实力由工业保障，工业发展由工业软件驱动。工业软件正在重塑工业巨人之魂。

习近平总书记在 2021 年 5 月 28 日召开的两院院士大会、中国科协第十次全国代表大会上发表了重要讲话："科技攻关要坚持问题导向，奔着最紧急、最紧迫的问题去。要从国家急迫需要和长远需求出发，在石油天然气、基础原材料、高端芯片、工业软件、农作物种子、科学试验用仪器设备、化学制剂等方面关键核心技术上全力攻坚，加快突破一批药品、医疗器械、医用设备、疫苗等领域关键核心技术。"

国家最高领导人将工业软件定位于"最紧急、最紧迫的问题"，是"国家急迫需要和长远需求"的关键核心技术，史无前例，开国首次，彰显了国家对工业软件的高度重视。机械工业出版社此次领衔组织出版这套"工业软件丛书"，秉持系统性、专业性、全局性、先进性的原则，开展工业软件生态研究，探索工业软件发展规律，反映工业软件全面信息，汇总工业软件应用成果，助力产业数字化转型。这套丛书是以实际行动落实国家意志的重要举措，意义深远，作用重大，正当其时。

本丛书分为产业研究与生态建设、技术产品、支撑环境三大类。

在工业软件的产业研究与生态建设大类中，列入了工业技术软件化专项研究、工业软件发展生态环境研究、工业软件分类研究、工业软件质量与可靠性测试、工业软件的标准和规范研究等内容，希望从顶层设计的角度让读者清晰地知晓，在工业软件的技术与产品之外，还有很多制约工业软件发展的生态因素。例如工业软件的可靠性、安全性测试，还没有引起业界足够的重视，但是当工业软件越来越多地进入各种工业品中，成为"软零件""软装备"之后，工业软件的可靠性、安全性对各种工业品的影响将越来越重要，甚至就是"一票否决"式的重要。至于制约工业软件发展的政策、制度、环境，以及工业技术的积累等基础性的问题，就更值得予以认真研究。

工业软件的技术与产品大类是一个生机勃勃、不断发展演进的庞大家族。据不完全统计，工业软件大约有近 2 万种之多⊖。面对如此庞大的工业软件家族，如何用一套丛书来进行一场"小样本、大视野、深探底"的表述，是一个巨大的挑战。就连"工业软件"术语本身，也是在最初没有定义的情况下，伴随着工业软件的不断发展而逐渐产生的，形成了一个"用于工业过程的所有软件"的基本共识。如果想准确地论述工业软件，从范畴上说，要从国家统计局所定义的"工业门类"⊖出发，把应用在矿业、制造业、能源业这三大门类中的所有软件都囊括进来，而不能仅仅把目光放在制造业一个门类上；从分类上说，既要顾及现有分类（如 CAX、MES 等），也要着眼于未来可能的新分类（如工研软件、工管软件等）；从架构上说，既要顾及传统架构的软件（如 ISA95），也要考虑到基于云架构的订阅式（如 SaaS）软件；从所有权上说，既要考虑到商用软件，也要考虑到自用软件（in-house software）；等等。本丛书力争做到从不同的维度和视角，对各种形态的工业软件都能有所展现，勾

⊖ 林雪萍的《工业软件 无尽的边疆：写在十四五专项之前》，可见 https://mp.weixin.qq.com/s/Y_Rq3yJTE1ahma30iV0JJQ。

⊖ 参考《国民经济行业分类》（GB/T 4754—2017）2019 修改版。

勒出一幅工业软件的中国版图，尽管这种展现与勾勒，很可能是粗线条的。

工业软件的支撑环境是一个不可缺失的重要内容。无论是数据库、云技术、材料属性库、图形引擎、过程语言还是工业操作系统等，都是支撑各种形态的工业软件实现其功能的基础性的"数字底座"。基础不牢，地动山摇，遑论自主，更无可控。没有强大的工业软件所需要的运行支撑环境，就没有强大的工业软件。因此，工业软件的"数字底座"是一项必须涉及的重要内容。

长期以来，"缺芯少魂"一直困扰着中国企业及产业高质量发展。特别是从 2018 年以来，强加在很多中国企业头上的贸易摩擦展现了令人眼花缭乱的"花式断供"，仅芯片断供或许就能导致某些企业停产。芯片断供尚有应对措施来减少损失，但是工业软件断供则是直接阉割企业的设计和生产能力。没有工业软件这个基础性的数字化工具和软装备，就没有工业品的设计和生产，社会可能停摆，企业可能断命，绝大多数先进设备可能变成废铜烂铁。工业软件对工业的发展具有不可替代、不可或缺、不可估量的支撑、提振与杠杆放大作用，已经日益为全社会所切身感受和深刻认知。

该丛书的面世，或将揭开蒙在工业软件头上的神秘面纱，厘清工业软件发展规律。更重要的是，该丛书将会激励中国的工业软件从业者，充分发挥"可上九天揽月，可下五洋捉鳖"的想象力、执行力和战斗力，让每一行代码、每一段程序，都谱写出最新、最硬核的时代篇章，让中国的工业软件产业就此整体发力，急速前行，攻坚克难，携手创新，使我国尽快屹立于全球工业软件强国之林。

丛书编委会

2021 年 8 月

有限元方法自20世纪40年代从航空工业领域诞生以来，已逐渐发展成为处理各种复杂工程问题的重要分析手段，被广泛应用于交通运输、电子电气、矿山机械等领域。目前的有限元分析过程多依赖于欧美企业的商用软件 ANSYS、ABAQUS、MARC 等。由于国产有限元分析软件起步较晚，它的推广和应用都远远落后于国外同类型软件。目前有关国产有限元分析软件的书籍较少，极大地限制了国产计算机辅助工程（Computer Aided Engineering，CAE）分析平台的进一步发展。为了推动国产有限元软件的发展，本书在介绍有限元理论基础及基本分析方法的基础上，基于国产 CAE 仿真软件 ZWSim，对静力学、热传导、动力学及稳定性问题的有限元分析过程进行了具体的介绍。通过对有限元方法理论和软件分析过程的同步学习，读者可以真正理解有限元方法的本质，更好地应用国产 CAE 仿真软件解决实际的工程问题。

本书共分为 10 章。第 1 章为概述，介绍有限元方法和 CAE 工业软件的历史和发展过程，以及国产 CAE 仿真软件 ZWSim 的基本情况。第 2 章为有限元方法的理论基础，包括有限元方法的基本思想、数学基础和力学基础。第3章讨论杆梁结构有限元法。第4章介绍平面问题有限元法。第5章介绍空间问题有限元法。第6章讨论等参单元的一般原理和数值积分。第7章介绍国产有限元软件ZWSim的总体功能特点及仿真实例。第8章介绍热传导问题的有限元分析原理和软件仿真分析实例。第9章介绍动力学问题的有限元分析原理和软件仿真分析实例。第10章介绍结构稳定性问题的有限元分析原理和软件仿真分析实例。

　　本书将有限元理论与具体的实际问题有机结合，适用于学习有限元方法的高校学生以及从事相关有限元分析的企业仿真工程师。

　　由于编著者水平有限，书中难免有不妥之处，竭诚希望读者指正！

目录

CONTENTS

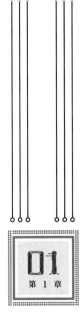

概　　述

1.1　有限元方法的历史和发展过程

经过八十余年的发展，有限元方法（Finite Element Method，FEM）已经成为求解各种复杂数学物理问题的重要方法，被广泛应用于诸多工程领域，包括航空航天工程、交通运输工程、机械工程、岩土工程以及生物医学工程等。有限元方法的发展历史可以大致分为四个阶段：有限元方法的产生，有限元发展的黄金时期，有限元方法的广泛应用，有限元发展的新时代。

有限元的产生最早可以追溯到 20 世纪 40 年代在航空工业中产生的矩阵力学分析方法。1941 年，A. Hrennikoff 采用框架变形功方法求解了一个弹性问题，发表在 *ASME Journal of Applied Mechanics* 上，这篇论文可以被看作有限元方法的起点，在论文中求解区域被离散为网格结构，是最早的网格离散形式。1943 年，R. Courant 采用 Rayleigh-Ritz 方法对二阶偏微分方程进行数值处理，其在三角形区域定义多项式试函数的方法可以看作有限元方法的原始形式，类似的工作还包括 McHenry、Prager 和 Synge 等人的文章。1955 年 Argyris 出版了关于将变分法转化为适用于工程结构分析的能量法的专著，这一工作促进了后续的有限元研究。1956 年波音公司的 M. J. Turner、R. Clough、H. C. Martin 和 Topp 系统研究了杆、梁、三角形的刚度表达式处理飞机结构分析时遇到的平面应力问题，进一步发展了我们今天所用的有限元法，当时称为矩阵刚度法，其中适用于任意形状结构的三角形单元插值是有限元发展过程中的巨大进步。1960 年，R. Clough 第一次提出了"有限元法"这一名称，可以很好地描述这种数值方法的精髓及内涵，一直被沿用至今。1967 年，Zienkiewicz 出版了第一本有关有限元分析的专著，为有限元方法的后续发展奠定了基础。与此同时，我国的冯康独立提出了一种基于变分原理的离散化数值方法，用于求解椭圆偏微分方程，他的工作是最早的关于有限元方法收敛性与精度的研究之一。1958 年，E. L. Wilson 最早开始了有限元开源软件的开发工作。1963 年，I. T. Oden 和 G. C. Best 编写了第一批通用有限元计算代码，包含三维弹性单元、三维杆梁单元以及复合材料单元等，这些代码后来在航空航天和国防工业的飞机设计和分析中使用了多年。

在同一时间，数学家也对有限元的数学基础展开了研究。1943 年，Courant 研究了平衡问题的变分方法。1950 年，Reissner 提出了 Hellinger-Reissner 变分原理，其中位移场和应力场都是主要未知数。我国的胡海昌于 1954 年提出了广义变分原理，钱伟长最先研究了拉格朗日乘子法与广义变分原理之间的关系。1963 年，Besseling、Molosh 和 Jones 等人研究了有限元方法的数学原理。这些研究对后来有限元法的发展产生了重大的影响。

到 1965 年，有限元研究已经成为一个活跃的研究领域，相关论文的发表总数达到 1000 多篇。与此同时，有限元方法被广泛应用于航空及土木工程的实际问题当中，包括用于设计能够承受核爆炸或地震的建筑物和结构以及分析海上钻井的结构要求等。在航空领域，有限元方法为波音公司著名商用飞机系列波音 707 到波音 727 的成功研制做出了重要的贡献，其中波音 727 作为商用航空的主力机型，帮助美国在 20 世纪 60 年代实现了客运量三倍的增长。在土木工程领域，有限元方法被用于对诺福克大坝观测到的裂缝进行分析，正确预测了温度变化引起的裂缝位置和大小，并计算出了在重力和集中静水载荷条件下，大坝坝体和基础内产生的真实位移和应力。

从 20 世纪 70 年代开始，在严格数学理论基础的支撑下，有限元方法进入了快速发展的黄金时期，被广泛应用于结构动力学、流体力学、流固耦合问题、结构可靠性以及计算接触力学等领域中。在结构的动态行为模拟中使用了多种时间积分方法，包括 Newmark-beta 法、Wilson-theta 法、Hilbert-Hughes-Taylor 法以及显式积分算法，其中显式积分算法发展成了汽车设计及耐撞性分析的主要工具，到 20 世纪 80 年代末美国三大汽车制造商的数千台工作站都在运行基于显式时间积分的有限元程序。作为有限差分法和有限体积法的替代方法，有限元法也被用来求解流体力学的 Navier-Stokes 方程，Hughes 及合作者提出了一系列计算流体力学的有限元解法，包括稳定 Galerkin 方法、Space-time 方法以及变分多尺度有限元法等。为了解决航空航天和土木工程中的大规模流固耦合问题，Donea 及 Huerta 等开发了处理流体—结构相互作用的有限元求解器，Hirt、Amsden 及 Cook 提出了任意拉格朗日—欧拉（Arbitrary Lagrangian-Eulerian，

ALE) 有限元公式来描述流体及结构之间的移动边界, 弥补了传统拉格朗日或欧拉有限元公式的短板, Farhat 最早将大规模并行 ALE-FEM 求解器应用于飞机结构的设计和分析。流固耦合问题的有限元解法也被应用到生物医学工程领域以模拟血管疾病患者的血液流动, 为基于有限元法的预测医学奠定了基础。随机有限元法的提出是这一时期有限元发展的又一重要成果, W. K. Liu 和 T. Belytschko 在 20 世纪 80 年代末提出了用一种随机的方法来解释载荷条件、材料性能、几何结构及边界条件的不确定性, 从而对结构进行可靠性分析。1976 年, Hughes 等人发表了有关接触碰撞问题有限元分析方法的论文, 对金属板材成形、冲击及侵彻、路面与轮胎相互作用等动态接触问题进行了有限元模拟。此外, Kikuchi、Oden、Simo 等也对接触问题的有限元精确计算做出了很大的贡献。

进入 20 世纪 90 年代以后, 有限元方法的工作集中于基于变分原理的离散化手段来解决材料和结构失效时的断裂力学和应变局部化问题。1994 年, Xu 以及 Needleman 开发了内聚力模型, 无须重新划分网格就可以追踪裂纹扩展, 这一方法被 Ortiz 等进一步发展, 以解决材料的疲劳破坏问题。类似的工作还有 Pietruszczak 和 Moroz 在研究土体剪切带时用到的黏性有限元模型, Bazant 等在研究混凝土尺寸效应时用到的微平面模型, 克莱斯勒公司在研究纤维复合材料时用到的微平面有限元模型, 以及 Rahimi 等在研究水力压裂问题时用到的各向异性孔隙力学微平面模型。计算断裂力学和有限元细化技术在 20 世纪 90 年代末出现了重大突破, Belytschko 等人提出了扩展有限元方法 (eXtended Finite Element Method, XFEM), 使用多种不连续的形函数精确捕捉裂纹形态, 由于自适应过程受裂纹尖端能量释放率的控制, 扩展有限元可以为线弹性断裂力学问题提供精确解。此后, Karma 等在 2000 年提出了相场有限元方法以解决裂纹扩展问题, 准确预测了脆性材料的断裂损伤演化。随着计算塑性力学理论的发展，Hughes 和 Winget 提出了增量客观性原理，首次将连续介质力学理论用于有限元计算，Simo 和 Hughes 又将增量客观性算法扩展到有限塑性变形的计算。此外，晶体塑性有限元也是这一时期有限元法的一个重要进展，基于晶体滑移同时考虑晶体各向异性，晶体塑性有限元法可以计算位错、晶体取向等织构信息，用以模拟晶体塑性变形、表面粗糙度以及断裂等问题。

随着有限元技术的不断发展，截止到 2015 年底，全世界已经有数百本有限元法的专著和教材以数十种语言出版，在这些著作中，Zienkiewicz 及其合作者出版的教材对有限元方法的普及和推广产生了巨大的影响，在他们的书中提供了 FEAP 这一有限元程序，为读者理解并掌握有限元技术提供了有效的指导。在有限元软件方面，Wilson 和 Clough 于 1963 年开发了结构分析软件 SMIS，Wilson 开发了通用的静动态有限元分析程序 SAP，Bathe 在 20 世纪 70 年代初开发了非线性有限元程序 ADINA，此外还有 NASA 开发的有限元代码 NASTRAN 以及 Lawrence Livermore 国家实验室开发的 DYNA3D，该程序后来发展成了 LS-DYNA。到 20 世纪 90 年代末，有限元软件已经发展成了一个市场规模达到数十亿美元的行业，其中代表性的软件包括 ANSYS、ABAQUS、ADINA、LS-DYNA、NASTRAN、COMSOL Multiphysics、CSI 等。同时也存在很多开源的有限元软件，包括 FreeFEM、OpenSees、Elmer、FEBio、DUNE 等。

随着机器学习和深度学习方法的发展，通过构建深度神经网络求解有限元模型成为一种新的趋势，特别是 2010 年以后，多种复杂神经网络如卷积神经网络（Convolutional Neural Network，CNN）、生成对抗网络（Generative Adversarial Network，GAN）、残差神经网络（ResNet）都被用来解决计算力学问题，Ghavamiana 和 Simone 等使用深度神经网络作为回归模型来学习材料行为及细观结构响应，Karniadakis 等提出了物理信息神经网络（Physics-Informed Neural Network，PINN）以求解高维偏微分方程，Zabaras 等提出了基于 CNN 的物理约束深度学习框架进行高维代理建模。受到深度神经网络通用逼近过程的启发，Zhang 等提出了基于 DNN 的分层性质构造传统有限元形函数的方法，称为分层深度神经网络（HiDeNN），Saha 等将这一方法进一步推广为统一的人工智能框架，以适当的方法联合了多种数据驱动工具，为解决物理理论未知或者对数据有巨大需求量的科学和工程问题提供了一种通用的方法。Ortiz 等开发了用于动力学和噪声数据的数据驱动有限元，S. Li 等利用有限元模拟生成的数据，开发了一种基于机器学习的逆方法，用于预测汽车碰撞数据。此外，降阶建模方法也是近年来一个活跃的研究领域，早期的工作主要集中在本征正交分解（POD），目的是减少离散方程的自由度，这一模型简化方法在计算流体力学中取得了重大的成功。基于本征广义分解（PGD）的模型降阶是 POD 的一个扩展，Zhang 等将 PGD 方法的属性与 HiDeNN 进行整合，提出的通用降阶机器学习有限元框架为解决大规模高维问题提供了有力的工具。模型简化方法的发展满足了实际应用中对实时仿真的迫切需求，如在线动态系统控制、结构健康检测、自动驾驶控制和决策等。开发降阶机器学习方法可以使得物理与数据信息被综合利用，克服了单纯降阶方法或者数据驱动方法中面临的瓶颈问题。

1.2　CAE 工业软件的产生及发展

在有限元方法快速发展的同时，CAE 工业软件也被广泛应用于机械设计、航空航天、石油化工、能源、汽车交通、电子、土木工程等领域。CAE 软件是人类史上工程师知识结晶浓度最大的领域，通常开始于专注于某一学科的仿真分析软件，而后通过 CAE 软件厂商的频繁并购，整合不同学科的仿真分析能力，不断扩展软件功能，成为智能制造最重要的基石。目前全球工业设计仿真软件格局主要由美、德、法三国把控，其中 CAE 工业软件前六名分别为美国的 ANSYS、德国的 SIEMENS、法国的 DS Simula、美国的 Altair 和 MSC，以及法国的 ESI。

国外工业软件巨头大多经历了多次并购重组得以发展壮大，最早的 CAE 软件开始于美国国家航空航天局在 1966 年提出的有限元分析软件 Nastran，在美国登月计划中解决了对结构分析的迫切需求，MSC 公司参与了 Nastran 的整个开发过程，此后 MSC 公司通过收购第一个商业非线性有限元程序 MARC、多体动力学仿真分析软件 Adams、飞机控制系统仿真分析软件 Easy5 等不断完善自身功能。ANSYS 软件开始于 Swansonz 在美国西屋电气公司创立的有限元分析程序，通过在 2000 年以后进行的一系列收购实现了快速发展，2006 年 ANSYS 收购了 CFX 及 Fluent，加强了其在计算流体力学领域的地位，2014 年收购了 SpaceClaim，解决了在前处理几何造型方面的短板，并于 2017 年收购了增材制造仿真软件 3DSIM，为其未来在增材制造仿真领域的发展奠定了基础。德国 SIEMENS 公司同样通过不断收购实现了在 CAE 工业软件领域的领先地位，收购名单包括美国的 UGS、CD-adapco、比利时的 LMS 以及荷兰的 TASS。法国的 DS Simula 同样通过十多年富有成效的收购，完成了从 CAD 软件技术到 CAE 仿真技术领域的扩展。

国产 CAE 工业软件在 20 世纪 80 年代曾出现过一波开发的小高潮，以中国科学院、北京大学、清华大学、大连理工大学等为代表的科研院所开始从事相关的软件开发，其中具有代表性的软件包括 FEPG、飞箭、JIFEX、风雷、HAJIF（SiPESC）等。但随着政策转向以及国外 CAE 软件陆续进入中国，国产软件的发展经历了"失去的三十年"，造成了目前国内工业软件市场被国外企业垄断的情况，在 CAE 领域国内市场前十大供应商中，中外企业数之比是 0：10。

当前我国正加快推动由制造大国向制造强国迈进，工业软件作为智能制造的重要基础和核心支持，具有非常重要的战略意义。究其原因，一方面在于工业软件是工业制造过程的大脑和神经，在产品设计制造的整个环节中都起到重要作用，在国内已形成了千亿元级别的市场空间；另一方面在于我国在工业软件方面落后于西方，在国际竞争的大背景下，这一劣势成了大国科技角力的重点之一。我国制造业对国外高端工业软件形成长期依赖，不能满足我国工业制造业转型升级的需要，并有被卡脖子的严重风险。2021 年初，工业软件首次入选科技部国家重点研发计划首批重点专项，标志着工业软件已成为国家科技领域最高级别的战略部署。推动国产工业软件发展需要既懂工业又懂软件的复合人才，目前我国相关领域的人才缺口很大，绝大部分高校没有单独的工业软件专业，在今后的发展中应依托高校工科专业以及计算机专业设立工业软件特色专业，推进专业教材建设，调整课程设置，优化教学计划和教学方式，培养复合型的高水平的工业软件人才。

1.3   中望仿真软件

中望软件公司结合自身在三维几何建模引擎技术和网格剖分技术方面的优势，于 2018 年正式成立了 CAE 研发中心，并推出了面向多物理场 CAE 求解器集成的统一网格前后处理平台 ZWMeshWorks、中望全波三维电磁仿真软件 ZWSim-EM 及中望有限元结构仿真分析软件 ZWSim Structural。ZWMeshWorks 是一款基于三维几何建模引擎技术和网格剖分技术的面向多学科、多物理场的国产 CAE 求解器集成开发平台。ZWSim-EM 是一款基于自主研发的通用前后处理平台 ZWMeshWorks 打造的三维全波电磁场仿真软件，为电磁仿真工程师提供集建模设计与仿真分析于一体的"设计—仿真双向协同"式开发环境。ZWSim Structural 是一款基于 ZWMeshWorks 打造的结构有限元仿真分析软件，为产品结构设计工程师与结构仿真工程师提供集建模设计与仿真分析于一体的"设计—仿真双向协同"式开发环境。ZWSim Structural 自主开发的大规模矩阵求解引擎实现了国产化替代，求解器所支持的分析类型增至 11 种，为机械、装备、模具、家电等行业的产品结构设计师与专业仿真应用工程师提供可靠的力学性能模拟环境。

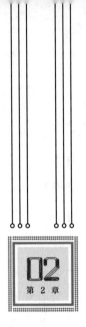

有限元方法的理论基础

2.1 有限元方法的基本思想

物理及工程中的很多问题都可以用数学模型来描述，最常见的方式是采用微分方程和相应的边界条件进行描述。解析法和数值方法是求解微分方程的常见手段。能通过解析法得到精确解的数学问题范围十分有限，通常要求数学方程形式简单，求解区域规则。大多数实际问题涉及的微分方程具有非线性，并且求解区域的几何形状比较复杂，只能采用数值方法进行求解。

常见的数值方法包括差分法、变分法以及有限元法。差分法采用均匀的网格划分求解区域，用规则网格节点之间的差分代替微分，将连续微分方程转化为线性代数方程组进行求解。差分法的求解精度与网格尺寸有关，网格划分越精细，求解精度越高。由于差分法要求采用规则形状网格，所以对求解区域的边界形状要求较高，当边界的几何形状比较复杂时，就有可能无法处理。变分法将微分方程边值问题转化为对应的泛函极值问题进行求解，通常选择定义于整个求解区域的含有 n 个待定系数的多项式作为试函数。试函数需要满足边界条件。将满足边界条件的试函数代入泛函的表达式当中。因为泛函有极值的条件，即泛函对 n 个待定系数的偏微分为零，所以可以建立关于待定系数的线性方程组。求解后得到的试函数就是原微分方程的近似解。

有限元方法可以看作一种兼具差分法及变分法求解特点的数值计算方法，其基本思想可以概括为离散和分片插值两个方面。有限元的离散思想借鉴于差分法，与差分法相比，有限元法的离散过程针对计算对象的物理模型本身，不需要提前列出微分方程。此外，有限元法可以采用任意形状网格进行离散，对复杂几何形状的适应性更强，离散精度也更高。有限元的插值思想与变分法有相似之处，但变分法要求在整个求解区域内采用统一的试函数，如果真实求解区域的性质较为复杂，用统一函数进行描述很难得到较高的精度，所以变分法通常适用于边界条件和求解函数都比较简单的情况。有限元法只要求试函数或者插值函数对每一个单元成立，由于单元形状简单，所以往往采用低阶多项式就可以满足精度要求。

2.2 有限元方法的数学基础

2.2.1 微分方程的等效积分形式

物理及工程中的问题通常都可以用数学模型来描述，最常见的方式是采用微分方程和相应的边界条件进行描述，即未知函数 $\boldsymbol{u}$ 在求解域 Ω 内应满足微分方程组

$$A(\boldsymbol{u}) = \begin{pmatrix} A_1(\boldsymbol{u}) \\ A_2(\boldsymbol{u}) \\ \vdots \\ A_n(\boldsymbol{u}) \end{pmatrix} \qquad （2\text{-}1）$$

同时在边界 Γ 上应满足

$$B(\boldsymbol{u}) = \begin{pmatrix} B_1(\boldsymbol{u}) \\ B_2(\boldsymbol{u}) \\ \vdots \\ B_n(\boldsymbol{u}) \end{pmatrix} \qquad （2\text{-}2）$$

其中未知函数 $\boldsymbol{u}$ 可以为标量场（温度）或者向量场（位移、应力、应变等），$\boldsymbol{A}$、$\boldsymbol{B}$ 是对于独立变量（时间坐标、空间坐标）的微分算子。

由于微分方程在求解域中的每一点都必须为零，因此有

$$\int_{\Omega} \boldsymbol{v}^{\mathrm{T}} A(\boldsymbol{u}) \mathrm{d}\Omega \equiv \int_{\Omega} \left[v_1 A_1(\boldsymbol{u}) + v_2 A_2(\boldsymbol{u}) + \cdots v_n A_n(\boldsymbol{u}) \right] \mathrm{d}\Omega \equiv 0 \qquad （2\text{-}3）$$

式中

$$\boldsymbol{v} = \begin{pmatrix} v_1 \\ v_2 \\ \vdots \\ v_n \end{pmatrix} \qquad （2\text{-}4）$$

是与微分方程个数相等的任意函数。

若式（2-3）对于任意 v 成立，则式（2-1）也必然在求解域内任一点都能满足，所以称式（2-3）是式（2-1）完全等效的积分形式。

对于边界条件式（2-2），也同样存在如下的等效积分形式

$$\int_{\Gamma} \overline{\boldsymbol{v}}^{\mathrm{T}} \boldsymbol{B}(\boldsymbol{u}) \mathrm{d}\Gamma \equiv \int_{\Gamma} \left[\overline{v}_1 B_1(\boldsymbol{u}) + \overline{v}_2 B_2(\boldsymbol{u}) + \cdots \overline{v}_n B_n(\boldsymbol{u}) \right] \mathrm{d}\Gamma \equiv 0 \qquad （2\text{-}5）$$

因此有积分形式

$$\int_{\Omega} \boldsymbol{v}^{\mathrm{T}} \boldsymbol{A}(\boldsymbol{u}) \mathrm{d}\Omega + \int_{\Gamma} \overline{\boldsymbol{v}}^{\mathrm{T}} \boldsymbol{B}(\boldsymbol{u}) \mathrm{d}\Gamma = 0 \qquad （2\text{-}6）$$

称为微分方程的等效积分形式。

为了降低对 $\boldsymbol{u}$ 的连续性要求，可以对式（2-6）进行分部积分，得到

$$\int_{\Omega} \boldsymbol{C}^{\mathrm{T}}(\boldsymbol{v}) \boldsymbol{D}(\boldsymbol{u}) \mathrm{d}\Omega + \int_{\Gamma} \boldsymbol{E}^{\mathrm{T}}(\overline{\boldsymbol{v}}) \boldsymbol{F}(\boldsymbol{u}) \mathrm{d}\Gamma = 0 \qquad （2\text{-}7）$$

其中 $\boldsymbol{C}$、$\boldsymbol{D}$、$\boldsymbol{E}$、$\boldsymbol{F}$ 是导数阶数比 $\boldsymbol{A}$ 低的微分算子。这种通过提高任意函数 v 和 $\overline{v}$ 的连续性以降低对微分方程场函数 $\boldsymbol{u}$ 的连续性要求所得到的等效积分形式称为微分方程的等效积分"弱"形式。

2.2.2　加权余量法

对于复杂的实际问题，找到满足微分条件式（2-1）、式（2-2）或者积分条件式（2-6）、式（2-7）的精确解是比较困难的，需要采用加权余量法求得微分方程的近似解。

将未知场函数 $\boldsymbol{u}$ 表示为如下近似函数

$$u \approx \overline{u} = \sum_{i=1}^{n} N_i a_i = Na \qquad （2\text{-}8）$$

式中 a_i 是待定参数，N_i 为试函数。

在项数 n 取值有限的情况下，将 $\overline{u}$ 代入式（2-1）、式（2-2），将产生余量或残差 R 和 $\overline{R}$：

$$A(Na) = R; \quad B(Na) = \overline{R} \qquad （2\text{-}9）$$

同样用 n 个函数代替函数 v 和 $\overline{v}$，即

$$v = W_j; \quad \overline{v} = \overline{W}_j \quad (j = 1 \sim n) \qquad （2\text{-}10）$$

因此可以得到等效积分的余量形式

$$\int_{\Omega} W_j^{\mathrm{T}} R \mathrm{d}\Omega + \int_{\Gamma} \overline{W}_j^{\mathrm{T}} \overline{R} \mathrm{d}\Gamma = 0 \quad (j = 1 \sim n) \qquad （2\text{-}11）$$

W_j 和 $\overline{W}_j$ 为权函数，通过选择待定系数 a_i 可以使式（2-11）成立，即求解使余量的加权积分为零的方程组，从而得到原问题的近似解。

以上这种通过使余量的加权积分为零来求得微分方程近似解的方法称为加权余量法，根据权函数形式的不同，加权余量法可以分类为配点法、子域法、最小二乘法、力矩法和伽辽金法。

2.2.3　里兹法

如果微分方程具有线性和自伴随的性质，则其等效积分的伽辽金法等

效于它的变分原理，即原问题的微分方程和边界条件等效于泛函的变分等于零，亦即泛函取驻值。

利用变分原理，可以将微分方程的复杂求解转换为泛函极值问题的求解，里兹法是求解泛函极值问题的常用解法，求解过程如下。

未知场函数 u 同样表示为一组近似函数，见式（2-8），代入泛函 Π，得到用试函数和待定参数表示的泛函表达式。泛函的变分为零即泛函对所有待定参数的全微分为零，即

$$\delta\Pi = \frac{\partial \Pi}{\partial \boldsymbol{a}_1}\delta\boldsymbol{a}_1 + \frac{\partial \Pi}{\partial \boldsymbol{a}_2}\delta\boldsymbol{a}_2 + \cdots + \frac{\partial \Pi}{\partial \boldsymbol{a}_n}\delta\boldsymbol{a}_n = 0 \qquad （2\text{-}12）$$

其中 $\delta\boldsymbol{a}_1$、$\delta\boldsymbol{a}_2$ 等是任意的，所以上式成立要求 $\dfrac{\partial \Pi}{\partial \boldsymbol{a}_1}$、$\dfrac{\partial \Pi}{\partial \boldsymbol{a}_2}$ 等始终为零，因此可以得到方程组

$$\frac{\partial \Pi}{\partial \boldsymbol{a}} = \begin{pmatrix} \dfrac{\partial \Pi}{\partial \boldsymbol{a}_1} \\ \dfrac{\partial \Pi}{\partial \boldsymbol{a}_2} \\ \vdots \\ \dfrac{\partial \Pi}{\partial \boldsymbol{a}_n} \end{pmatrix} = 0 \qquad （2\text{-}13）$$

通过以上方程组可以求解得到待定参数 $\boldsymbol{a}$。将这些待定参数代回式（2-8），就可以得到试函数的表达式，即原问题的近似解。

2.3 有限元方法的力学基础

2.3.1 弹性力学的基本方程

弹性力学的基本方程描述弹性体内任一点应力、应变、位移以及外力之间的关系，包括平衡方程、几何方程和物理方程三类。

1. 平衡方程

弹性体受力以后仍处于平衡状态，其上的应力和体积力沿坐标轴 x、y、z 三个方向的平衡方程为

$$\frac{\partial \sigma_x}{\partial x} + \frac{\partial \tau_{xy}}{\partial y} + \frac{\partial \tau_{xz}}{\partial z} + p_x = 0$$

$$\frac{\partial \tau_{xy}}{\partial x} + \frac{\partial \sigma_y}{\partial y} + \frac{\partial \tau_{yz}}{\partial z} + p_y = 0 \qquad (2\text{-}14)$$

$$\frac{\partial \tau_{xz}}{\partial x} + \frac{\partial \tau_{yz}}{\partial y} + \frac{\partial \sigma_z}{\partial z} + p_z = 0$$

其中 σ_x、σ_y、σ_z、τ_{xy}、τ_{yz}、τ_{xz} 为一点处的应力分量，p_x、p_y、p_z 为单位体积的体积力。

2. 几何方程

在小位移和小变形情况下，应变分量 ε_x、ε_y、ε_z、v_{xy}、v_{yz}、v_{zx} 和位移分量 u、v、w 之间的几何关系为

$$\boldsymbol{\varepsilon} = \begin{pmatrix} \varepsilon_x \\ \varepsilon_y \\ \varepsilon_z \\ v_{xy} \\ v_{yz} \\ v_{zx} \end{pmatrix} = \begin{pmatrix} \dfrac{\partial u}{\partial x} \\[2mm] \dfrac{\partial v}{\partial y} \\[2mm] \dfrac{\partial w}{\partial z} \\[2mm] \dfrac{\partial u}{\partial y}+\dfrac{\partial v}{\partial x} \\[2mm] \dfrac{\partial v}{\partial z}+\dfrac{\partial w}{\partial y} \\[2mm] \dfrac{\partial w}{\partial x}+\dfrac{\partial u}{\partial z} \end{pmatrix} \begin{pmatrix} \dfrac{\partial}{\partial x} & 0 & 0 \\[2mm] 0 & \dfrac{\partial}{\partial y} & 0 \\[2mm] 0 & 0 & \dfrac{\partial}{\partial z} \\[2mm] \dfrac{\partial}{\partial y} & \dfrac{\partial}{\partial x} & 0 \\[2mm] 0 & \dfrac{\partial}{\partial z} & \dfrac{\partial}{\partial y} \\[2mm] \dfrac{\partial}{\partial z} & 0 & \dfrac{\partial}{\partial x} \end{pmatrix} \begin{pmatrix} u \\ v \\ w \end{pmatrix} \qquad (2\text{-}15)$$

3. 物理方程

物理方程描述应力分量与应变分量之间的关系，与材料的物理特性有关，其形式为

$$\varepsilon_x = \frac{1}{E}(\sigma_x - \mu\sigma_y - \mu\sigma_z)$$

$$\varepsilon_y = \frac{1}{E}(\sigma_y - \mu\sigma_z - \mu\sigma_x)$$

$$\varepsilon_z = \frac{1}{E}(\sigma_z - \mu\sigma_x - \mu\sigma_y)$$

$$v_{xy} = \frac{1}{G}\tau_{xy} \qquad (2\text{-}16)$$

$$v_{yz} = \frac{1}{G}\tau_{yz}$$

$$v_{zx} = \frac{1}{G}\tau_{zx}$$

式中 E 为材料的弹性模量，G 为切变弹性模量，μ 为泊松比，它们满足如下关系：

$$G = \frac{E}{2(1+\mu)} \tag{2-17}$$

结合式（2-16）和式（2-17），物理方程可以写成如下矩阵形式：

$$\boldsymbol{\sigma} = \begin{pmatrix} \sigma_x \\ \sigma_y \\ \sigma_z \\ \tau_{xy} \\ \tau_{yz} \\ \tau_{zx} \end{pmatrix} = \frac{E(1-\mu)}{(1+\mu)(1-2\mu)} \begin{pmatrix} \dfrac{\partial u}{\partial x} \\[2mm] \dfrac{\partial v}{\partial y} \\[2mm] \dfrac{\partial w}{\partial z} \\[2mm] \dfrac{\partial u}{\partial y} + \dfrac{\partial v}{\partial x} \\[2mm] \dfrac{\partial v}{\partial z} + \dfrac{\partial w}{\partial y} \\[2mm] \dfrac{\partial w}{\partial x} + \dfrac{\partial u}{\partial z} \end{pmatrix} \cdot \tag{2-18}$$

$$\begin{pmatrix} 1 & \dfrac{\mu}{1-\mu} & \dfrac{\mu}{1-\mu} & 0 & 0 & 0 \\[3mm] \dfrac{\mu}{1-\mu} & 1 & \dfrac{\mu}{1-\mu} & 0 & 0 & 0 \\[3mm] \dfrac{\mu}{1-\mu} & \dfrac{\mu}{1-\mu} & 1 & 0 & 0 & 0 \\[3mm] 0 & 0 & 0 & \dfrac{1-2\mu}{2(1-\mu)} & 0 & 0 \\[3mm] 0 & 0 & 0 & 0 & \dfrac{1-2\mu}{2(1-\mu)} & 0 \\[3mm] 0 & 0 & 0 & 0 & 0 & \dfrac{1-2\mu}{2(1-\mu)} \end{pmatrix} \begin{pmatrix} \varepsilon_x \\ \varepsilon_y \\ \varepsilon_z \\ v_{xy} \\ v_{yz} \\ v_{zx} \end{pmatrix}$$

简写为

$$\boldsymbol{\sigma} = \boldsymbol{D}\boldsymbol{\varepsilon} \tag{2-19}$$

式中

$$\boldsymbol{D} = \frac{E(1-\mu)}{(1+\mu)(1-2\mu)} \begin{pmatrix} 1 & \dfrac{\mu}{1-\mu} & \dfrac{\mu}{1-\mu} & 0 & 0 & 0 \\[2mm] \dfrac{\mu}{1-\mu} & 1 & \dfrac{\mu}{1-\mu} & 0 & 0 & 0 \\[2mm] \dfrac{\mu}{1-\mu} & \dfrac{\mu}{1-\mu} & 1 & 0 & 0 & 0 \\[2mm] 0 & 0 & 0 & \dfrac{1-2\mu}{2(1-\mu)} & 0 & 0 \\[2mm] 0 & 0 & 0 & 0 & \dfrac{1-2\mu}{2(1-\mu)} & 0 \\[2mm] 0 & 0 & 0 & 0 & 0 & \dfrac{1-2\mu}{2(1-\mu)} \end{pmatrix} \tag{2-20}$$

称为弹性矩阵，完全取决于材料的性质，与坐标无关。

以上三类基本方程总共包括 15 个方程、15 个未知物理量（6 个应力分量、6 个应变分量和 3 个位移分量），因而可以解出这 15 个物理量。根据基本未知量的选择方式，求解方法可以分为位移法、应力法和混合法三类。目前有限元方法主要采用位移法，即将三个位移分量作为基本未知量。

2.3.2 虚位移原理

虚位移原理是弹性力学平衡方程与力的边界条件的等效积分形式，再将物理方程引入其中可以导出最小位能原理，本质上与等效积分的伽辽金弱形式一致，是建立弹性力学有限元方程的理论基础。

弹性体在外力作用下发生变形，外力对弹性体做功，若不考虑能量损失，外力功将全部转换为储存于弹性体内的应变能。虚位移是指在约束条件允许的范围内弹性体可能发生的任意微小位移。

假设弹性体受到外力 F 的作用

$$F = \begin{pmatrix} F_1 & F_2 & F_3 & \cdots \end{pmatrix}^{\mathrm{T}} \qquad (2\text{-}21)$$

在这些外力作用下，弹性体的应力为

$$\boldsymbol{\sigma} = \begin{pmatrix} \sigma_x & \sigma_y & \sigma_z & \tau_{xy} & \tau_{yz} & \tau_{zx} \end{pmatrix} \qquad (2\text{-}22)$$

假设弹性体发生虚位移，与外力分量对应的虚位移分量为

$$\boldsymbol{\delta}^* = \begin{pmatrix} \delta_1^* & \delta_2^* & \delta_3^*, \cdots \end{pmatrix}^{\mathrm{T}} \qquad (2\text{-}23)$$

由虚位移产生的虚应变为

$$\boldsymbol{\varepsilon}^* = \begin{pmatrix} \varepsilon_x^* & \varepsilon_y^* & \varepsilon_z^* & v_{xy}^* & v_{yz}^* & v_{zx}^* \end{pmatrix} \qquad (2\text{-}24)$$

外力在虚位移上所做的虚功为

$$\delta V = F_1 \delta_1^* + F_2 \delta_2^* + F_3 \delta_3^* + \cdots = \boldsymbol{\delta}^{*\mathrm{T}} \boldsymbol{F} \qquad (2\text{-}25)$$

应力在虚应变上的虚应变能为

$$\sigma_x \varepsilon_x^* + \sigma_y \varepsilon_y^* + \sigma_z \varepsilon_z^* + \tau_{xy} v_{xy}^* + \tau_{yz} v_{yz}^* + \tau_{zx} v_{zx}^* = \boldsymbol{\varepsilon}^{*\mathrm{T}} \boldsymbol{\sigma} \tag{2-26}$$

整个弹性体的虚应变能为

$$\delta U = \iiint \boldsymbol{\varepsilon}^{*\mathrm{T}} \boldsymbol{\sigma} \mathrm{d}x\mathrm{d}y\mathrm{d}z \tag{2-27}$$

由虚位移原理可知，如果在虚位移发生之前弹性体是平衡的，那么在虚位移发生时，外力在虚位移上所做的虚功就等于弹性体的虚应变能，即

$$\delta V = \delta U \tag{2-28}$$

或

$$\boldsymbol{\delta}^{*\mathrm{T}} \boldsymbol{F} = \iiint \boldsymbol{\varepsilon}^{*\mathrm{T}} \boldsymbol{\sigma} \mathrm{d}x\mathrm{d}y\mathrm{d}z \tag{2-29}$$

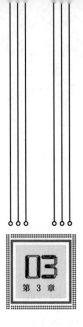

03
第 3 章

杆梁结构有限元法

3.1 杆单元

杆件是工程中常见的承力构件，杆件两端通常为铰接接头，即连接处可以自由转动，因此杆件只承受拉压作用，不承受弯矩。由于杆件只承受沿杆轴线方向的作用力，因此可以采用一维单元进行离散。

图 3-1 所示为一局部坐标系中的杆单元，其长度为 l，弹性模量为 E，横截面的面积为 A。

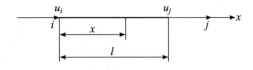

图 3-1 局部坐标系中的杆单元

杆单元具有两个端节点 i 和 j，则基本变量为节点位移列矩阵 $\boldsymbol{\delta}^e$，具有两个自由度。

$$\boldsymbol{\delta}^e = \begin{pmatrix} u_i & u_j \end{pmatrix}^{\mathrm{T}} \tag{3-1}$$

节点力列矩阵 $\boldsymbol{F}^e$ 为

$$\boldsymbol{F}^e = \begin{pmatrix} F_i & F_j \end{pmatrix}^{\mathrm{T}} \tag{3-2}$$

3.1.1　位移函数及形函数

单元在节点力作用下各点的位移叫内位移，描绘内位移的函数叫位移函数。对于只受轴力作用的杆单元，其应力应变在轴线各点处均是恒定常数，因而可以用线性函数描述单元位移。此外，杆单元有 2 个节点位移条件，也可假设杆单元的位移场为具有 2 个待定系数的函数模式，即

$$u(x) = a_0 + a_1 x \tag{3-3}$$

这就是杆单元的位移函数，其中 a_0、a_1 为待定系数，由单元的两个节点位移条件

$$\begin{aligned} u(0) &= u_i \\ u(l) &= u_j \end{aligned} \tag{3-4}$$

可求出式（3-3）中的待定系数

$$a_0 = u_i$$
$$a_1 = \frac{u_j - u_i}{l} \tag{3-5}$$

将式（3-5）代入式（3-4），重写位移函数，有

$$u(x) = \left(1 - \frac{x}{l}\right)u_i + \frac{x}{l}u_j \tag{3-6}$$

用 $\boldsymbol{u}$ 代表单元内位移，用 $\boldsymbol{\delta}^e$ 代表单元节点位移，上式可以写成

$$\boldsymbol{u} = \boldsymbol{N}\boldsymbol{\delta}^e = N_i u_i + N_j u_j \tag{3-7}$$

式中

$$N_i = 1 - \frac{x}{l}, N_j = \frac{x}{l} \tag{3-8}$$

在有限元法中，N_i 和 N_j 叫作 i 点和 j 点的形函数或插值函数，$\boldsymbol{N}$ 称为形函数矩阵，它将单元的内位移和节点位移联系起来，其中每一个元素都是坐标的函数。

杆单元的形函数 N_i 和 N_j 如图 3-2 所示。可以看出 N_i 是 i 点位移为 1，j 点位移为 0 时杆单元的位移分布，类似地，N_j 是 j 点位移为 1，i 点位移为 0 时杆单元的位移分布。所以形函数的力学定义就是当单元一个节点位移为单位值，其他节点位移为 0 时，单元内位移的分布规律。

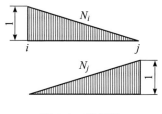

图 3-2 形函数

从数学上讲，已知函数在闭区间上两个端点的值 u_i、u_j，构成一个连续函数 $u(x)$，它在端点应保证等于 u_i、u_j，这样的计算步骤称为内插，形函数 N_i、N_j 就是实现内插的两个函数，所以也叫作内插函数。形函数的数学意义在于完成了数学模型的离散化。

3.1.2 几何关系及物理关系

根据应变的定义，有

$$\varepsilon_x = \frac{\mathrm{d}u}{\mathrm{d}x} \tag{3-9}$$

将位移函数式（3-7）代入有

$$\boldsymbol{\varepsilon} = \frac{\mathrm{d}}{\mathrm{d}x}\boldsymbol{N}\boldsymbol{\delta}^e = \frac{\mathrm{d}}{\mathrm{d}x}\left(1-\frac{x}{l}\right)\frac{\mathrm{d}}{\mathrm{d}x}\left(\frac{x}{l}\right)\boldsymbol{\delta}^e = \frac{1}{l}\begin{pmatrix}-1 & 1\end{pmatrix}\boldsymbol{\delta}^e = \boldsymbol{B}\boldsymbol{\delta}^e \tag{3-10}$$

式中 $\boldsymbol{B} = \dfrac{1}{l}\begin{pmatrix}-1 & 1\end{pmatrix}$ 叫作几何矩阵，通过杆的物理方程

$$\boldsymbol{\sigma} = E\boldsymbol{\varepsilon} = E\boldsymbol{B}\boldsymbol{\delta}^e = \boldsymbol{S}\boldsymbol{\delta}^e \tag{3-11}$$

几何矩阵 $\boldsymbol{B}$ 把单元的节点位移 $\boldsymbol{\delta}^e$ 和应变列矩阵 $\boldsymbol{\varepsilon}$ 联系起来，其中 $\boldsymbol{S}$ 叫作应

力矩阵，对于杆单元 $\boldsymbol{S} = \dfrac{E}{l}(-1 \quad 1)$。

3.1.3　刚度方程

单元的总势能为

$$\Pi^e = U^e - V^e \tag{3-12}$$

式中应变能

$$
\begin{aligned}
U^e &= \frac{1}{2}\int_V \boldsymbol{\varepsilon}^{\mathrm{T}} \boldsymbol{\sigma} \mathrm{d}V = \frac{1}{2}\int_V \left(\boldsymbol{B}\boldsymbol{\delta}^e\right)^{\mathrm{T}} \boldsymbol{D}\boldsymbol{B}\boldsymbol{\delta}^e \mathrm{d}V \\
&= \frac{1}{2}\left(\boldsymbol{\delta}^e\right)^{\mathrm{T}} \int_V \boldsymbol{B}^{\mathrm{T}} \boldsymbol{D}\boldsymbol{B} \mathrm{d}V \cdot \boldsymbol{\delta}^e \\
&= \frac{1}{2}\left(\boldsymbol{\delta}^e\right)^{\mathrm{T}} \cdot \boldsymbol{K}^e \cdot \boldsymbol{\delta}^e
\end{aligned}
\tag{3-13}
$$

式中 $\boldsymbol{K}^e$ 为单元刚度矩阵

$$
\begin{aligned}
\boldsymbol{K}^e &= \int_V \boldsymbol{B}^{\mathrm{T}} \boldsymbol{D}\boldsymbol{B} \mathrm{d}V = \int_0^l \frac{1}{l}\begin{pmatrix} -1 \\ 1 \end{pmatrix} \cdot E \cdot \frac{1}{l} \cdot (-1 \quad 1) A \mathrm{d}x \\
&= \frac{AE}{l}\begin{pmatrix} 1 & -1 \\ -1 & 1 \end{pmatrix}
\end{aligned}
\tag{3-14}
$$

式（3-12）中的外力功为

$$V^e = \left(\boldsymbol{\delta}^e\right)^{\mathrm{T}} \boldsymbol{F}^e \qquad (3\text{-}15)$$

则总势能

$$\varPi^e = U^e - V^e = \frac{1}{2}\left(\boldsymbol{\delta}^e\right)^{\mathrm{T}} \cdot \boldsymbol{K}^e \cdot \boldsymbol{\delta}^e - \left(\boldsymbol{\delta}^e\right)^{\mathrm{T}} \boldsymbol{F}^e \qquad (3\text{-}16)$$

由最小势能原理，在满足连续条件和边界条件的位移中，满足平衡条件的位移的总势能最小，所以有

$$\frac{\partial \varPi^e}{\partial \boldsymbol{\delta}^e} = \boldsymbol{K}^e \cdot \boldsymbol{\delta}^e - \boldsymbol{F}^e = 0 \qquad (3\text{-}17)$$

故可得到反映单元平衡状态的关系式，即刚度方程

$$\boldsymbol{K}^e \cdot \boldsymbol{\delta}^e = \boldsymbol{F}^e \qquad (3\text{-}18)$$

3.1.4　坐标变换

以上分析建立在杆单元的局部坐标系上，但在研究杆件系统的整体行为时，每个节点都会连接两个以上的单元，如果继续采用单元专有的局部坐标则很不方便。此外，节点位移的量度也要在统一的坐标轴上才能体现位移的协调条件，因此需要把局部坐标系的刚度矩阵转换到各单元统一的总体坐标系中。

图 3-3 所示 $\overline{x}O\overline{y}$ 为总体坐标系，xOy 为局部坐标系，规定由总体坐标系 $\overline{x}$ 轴到局部坐标系 x 轴的夹角 α 逆时针为正。

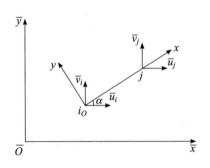

图 3-3   杆单元的坐标变换

杆单元在总体坐标系下的节点位移分量用 $\bar{u}_i$、$\bar{v}_i$ 表示，局部坐标系下的位移分量用 u_i、v_i 表示。杆单元节点 i 总体坐标系节点位移在局部坐标系下的位移分量为

$$\begin{aligned} u_i &= \bar{u}_i \cos\alpha + \bar{v}_i \sin\alpha \\ v_i &= -\bar{u}_i \sin\alpha + \bar{v}_i \cos\alpha \end{aligned} \qquad (3\text{-}19)$$

对于 j 节点有

$$\begin{aligned} u_j &= \bar{u}_j \cos\alpha + \bar{v}_j \sin\alpha \\ v_j &= -\bar{u}_j \sin\alpha + \bar{v}_j \cos\alpha \end{aligned} \qquad (3\text{-}20)$$

所以有

$$\boldsymbol{\delta}_l = \begin{pmatrix} u_l \\ v_l \end{pmatrix} = \begin{pmatrix} \cos\alpha & \sin\alpha \\ -\sin\alpha & \cos\alpha \end{pmatrix} \begin{pmatrix} \bar{u}_l \\ \bar{v}_l \end{pmatrix} = \boldsymbol{\lambda} \bar{\boldsymbol{\delta}}_l \quad l = (i, j) \qquad (3\text{-}21)$$

$\boldsymbol{\lambda}$ 称为方向余弦矩阵。可以用如下式子表示总体坐标系位移 $\bar{\boldsymbol{\delta}}^e$ 与局部坐标

系位移 $\boldsymbol{\delta}^e$ 的转换关系：

$$\boldsymbol{\delta}^e = \begin{pmatrix} u_i \\ v_i \\ u_j \\ v_j \end{pmatrix} = \begin{pmatrix} \boldsymbol{\lambda} & \\ & \boldsymbol{\lambda} \end{pmatrix} \begin{pmatrix} \bar{u}_i \\ \bar{v}_i \\ \bar{u}_j \\ \bar{v}_j \end{pmatrix} = \boldsymbol{T}\bar{\boldsymbol{\delta}}^e \qquad （3\text{-}22）$$

式中，$\boldsymbol{T}$ 矩阵叫作坐标变换矩阵，是以 $\boldsymbol{\lambda}$ 为子矩阵的对角方阵。因 $\boldsymbol{T}$ 是正交矩阵，所以 $\boldsymbol{T}^{-1} = \boldsymbol{T}^{\mathrm{T}}$，当用局部坐标系位移表示总体坐标系位移时有

$$\bar{\boldsymbol{\delta}}^e = \boldsymbol{T}^{\mathrm{T}}\boldsymbol{\delta}^e \qquad （3\text{-}23）$$

类似地，可以建立总体坐标系与局部坐标系间节点力的关系式

$$\bar{\boldsymbol{F}}^e = \boldsymbol{T}^{\mathrm{T}}\boldsymbol{F}^e \qquad （3\text{-}24）$$

将式（3-18）、式（3-23）代入式（3-24）可得

$$\bar{\boldsymbol{F}}^e = \boldsymbol{T}^{\mathrm{T}}\boldsymbol{F}^e = \boldsymbol{T}^{\mathrm{T}}\boldsymbol{K}^e\boldsymbol{\delta}^e = \boldsymbol{T}^{\mathrm{T}}\boldsymbol{K}^e\boldsymbol{T}\bar{\boldsymbol{\delta}}^e \qquad （3\text{-}25）$$

则有

$$\bar{\boldsymbol{K}}^e = \boldsymbol{T}^{\mathrm{T}}\boldsymbol{K}^e\boldsymbol{T} \qquad （3\text{-}26）$$

$$\bar{\boldsymbol{F}}^e = \bar{\boldsymbol{K}}^e\bar{\boldsymbol{\delta}}^e \qquad （3\text{-}27）$$

式（3-23）、式（3-24）、式（3-26）、式（3-27）就是两种坐标系中的全部转换关系。

3.1.5   总刚矩阵

将在公共坐标系得到的单元刚度矩阵进行组合，可以得到整个结构的总刚矩阵。如无特别说明，后文中将采用不加横杠的字母指代总体坐标系下的物理量。

在整体结构中，一个节点通常连接几个杆单元，该节点上的节点力为所有连接单元的节点力之和，因此节点 i 满足平衡方程

$$\sum_e \boldsymbol{F}_i^e = \boldsymbol{P}_i \qquad (3\text{-}28)$$

对于结构中的所有节点有

$$\sum_{i=1}^n \sum_e \sum_{s=i,j} \boldsymbol{K}_{is}\boldsymbol{\delta}_s^e = \sum_{i=1}^n \boldsymbol{P}_i \qquad (3\text{-}29)$$

式中，n 为节点总数。

由式（3-29）可得全结构的平衡方程为

$$\boldsymbol{K}\boldsymbol{\delta} = \boldsymbol{P} \qquad (3\text{-}30)$$

式中，$\boldsymbol{\delta} = \left(\delta_1\ \delta_2 \cdots \delta_n\right)^{\mathrm{T}}$ 是所有节点位移组成的列矩阵，$\boldsymbol{P} = \left(P_1\ P_2 \cdots P_n\right)^{\mathrm{T}}$ 是所有节点载荷组成的列矩阵，$\boldsymbol{K}$ 为总刚矩阵。

3.2   梁单元

与杆单元不同，梁单元可以同时承受轴力和弯矩。图 3-4 所示为梁单

元，梁单元具有两个端节点 i 和 j，每个节点具有三个自由度，2 个移动自由度和 1 个转动自由度，即 u、v、θ。

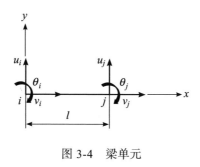

图 3-4　梁单元

梁单元的节点位移列矩阵 $\boldsymbol{\delta}^e$ 为

$$\boldsymbol{\delta}^e = \begin{pmatrix} u_i & v_i & \theta_i & u_j & v_j & \theta_j \end{pmatrix}^{\mathrm{T}} \tag{3-31}$$

节点力列矩阵 $\boldsymbol{F}^e$ 为

$$\boldsymbol{F}^e = \begin{pmatrix} N_i & Q_i & M_i & N_j & Q_j & M_j \end{pmatrix}^{\mathrm{T}} \tag{3-32}$$

3.2.1　位移函数及形函数

u 的位移函数与形函数与杆单元的确定方法相同。下面将关注 v 的位移函数与形函数。由材料力学内容可知

$$M = -EI\frac{\mathrm{d}^2 v}{\mathrm{d}x^2} \tag{3-33}$$

$$q = EI \frac{\mathrm{d}^4 v}{\mathrm{d}x^4} \tag{3-34}$$

若梁上分布载荷 q 为零，则有 $EI \frac{\mathrm{d}^4 v}{\mathrm{d}x^4} = 0$，由此可以判断 v 是 x 的三次函数，因此假设梁单元的位移函数 v 为多项式

$$v(x) = b_0 + b_1 x + b_2 x^2 + b_3 x^3 \tag{3-35}$$

由转角与挠度的关系可知

$$\theta(x) = \frac{\mathrm{d}v}{\mathrm{d}x} = b_1 + 2b_2 x + 3b_3 x^2 \tag{3-36}$$

将节点位移代入式（3-34）和式（3-35），得到

$$\begin{aligned} v_i &= b_0, & \theta_i &= b_1 \\ v_j &= b_0 + b_1 l + b_2 l^2 + b_3 l^3, & \theta_j &= b_1 + 2b_2 l + 3b_3 l^2 \end{aligned} \tag{3-37}$$

可以表示为如下矩阵形式：

$$\begin{pmatrix} v_i \\ \theta_i \\ v_j \\ \theta_j \end{pmatrix} = \begin{pmatrix} 1 & 0 & 0 & 0 \\ 0 & 1 & 0 & 0 \\ 1 & l & l^2 & l^3 \\ 0 & 1 & 2l & 3l^2 \end{pmatrix} \begin{pmatrix} b_0 \\ b_1 \\ b_2 \\ b_3 \end{pmatrix} \tag{3-38}$$

求解得到待定参数为

$$\begin{pmatrix} b_0 \\ b_1 \\ b_2 \\ b_3 \end{pmatrix} = \begin{pmatrix} 1 & 0 & 0 & 0 \\ 0 & 1 & 0 & 0 \\ -\dfrac{3}{l^2} & -\dfrac{2}{l} & \dfrac{3}{l^2} & -\dfrac{2}{l} \\ \dfrac{2}{l^3} & \dfrac{1}{l^2} & -\dfrac{2}{l^3} & \dfrac{1}{l^2} \end{pmatrix} \begin{pmatrix} v_i \\ \theta_i \\ v_j \\ \theta_j \end{pmatrix} \qquad (3\text{-}39)$$

代入式（3-35）得到

$$\begin{aligned} v(x) &= \begin{pmatrix} 1 & x & x^2 & x^3 \end{pmatrix} \begin{pmatrix} 1 & 0 & 0 & 0 \\ 0 & 1 & 0 & 0 \\ -\dfrac{3}{l^2} & -\dfrac{2}{l} & \dfrac{3}{l^2} & -\dfrac{2}{l} \\ \dfrac{2}{l^3} & \dfrac{1}{l^2} & -\dfrac{2}{l^3} & \dfrac{1}{l^2} \end{pmatrix} \begin{pmatrix} v_i \\ \theta_i \\ v_j \\ \theta_j \end{pmatrix} \\ &= \boldsymbol{N}_v \begin{pmatrix} v_i \\ \theta_i \\ v_j \\ \theta_j \end{pmatrix} \end{aligned} \qquad (3\text{-}40)$$

式中 $\boldsymbol{N}_v$ 为单元的形函数矩阵：

$$\boldsymbol{N}_v = \begin{pmatrix} 1 - \dfrac{3x^2}{l^2} + \dfrac{2x^3}{l^3} & x - \dfrac{2x^2}{l} + \dfrac{x^3}{l^2} & \dfrac{3x^2}{l^2} - \dfrac{2x^3}{l^3} & -\dfrac{x^2}{l} + \dfrac{x^3}{l^2} \end{pmatrix} \quad (3\text{-}41)$$

同时考虑由轴力引起的位移，则梁单元的位移函数为

$$\begin{pmatrix} u(x) \\ v(x) \end{pmatrix} = \boldsymbol{N}\boldsymbol{\delta}^e \qquad (3\text{-}42)$$

形函数 N 为

$$N = \begin{pmatrix} N_u \\ N_v \end{pmatrix} = \begin{pmatrix} N_1 & 0 & 0 & N_4 & 0 & 0 \\ 0 & N_2 & N_3 & 0 & N_5 & N_6 \end{pmatrix} \qquad (3\text{-}43)$$

式中

$$N_1 = 1 - \frac{x}{l}$$

$$N_2 = 1 - \frac{3x^2}{l^2} + \frac{2x^3}{l^3}$$

$$N_3 = x - \frac{2x^2}{l} + \frac{x^3}{l^2}$$

$$N_4 = \frac{x}{l}$$

$$N_5 = \frac{3x^2}{l^2} - \frac{2x^3}{l^3}$$

$$N_6 = -\frac{x^2}{l} + \frac{x^3}{l^2}$$

$(3\text{-}44)$

对位移求导可以得到应变，由于梁单元长细比较大，可以忽略剪切的影响，单元应变包含轴向应变和弯曲应变两部分：

$$\boldsymbol{\varepsilon} = \begin{pmatrix} \varepsilon_N \\ \varepsilon_b \end{pmatrix} = \begin{pmatrix} \dfrac{\mathrm{d}u}{\mathrm{d}x} \\ -y\dfrac{\mathrm{d}^2 v}{\mathrm{d}x^2} \end{pmatrix} = \begin{pmatrix} \dfrac{\mathrm{d}\boldsymbol{N}_u}{\mathrm{d}x}\begin{pmatrix} u_i \\ u_j \end{pmatrix} \\ -y\dfrac{\mathrm{d}^2 \boldsymbol{N}_v}{\mathrm{d}x^2}\begin{pmatrix} v_i \\ \theta_i \\ v_j \\ \theta_j \end{pmatrix} \end{pmatrix} \qquad (3\text{-}45)$$

由物理方程得到梁单元的应力为

$$\boldsymbol{\sigma} = \begin{pmatrix} \sigma_N \\ \sigma_b \end{pmatrix} = E\boldsymbol{\varepsilon} = E\boldsymbol{B}\boldsymbol{\delta}^e \qquad (3\text{-}46)$$

式中几何矩阵 $\boldsymbol{B}$ 为

$$\boldsymbol{B} = \begin{pmatrix} -\dfrac{1}{l} & 0 & 0 & \dfrac{1}{l} & 0 & 0 \\ 0 & y\left(\dfrac{6}{l^2} - \dfrac{12x}{l^3}\right) & -y\left(\dfrac{4}{l} + \dfrac{6x}{l^2}\right) & 0 & -y\left(\dfrac{6}{l^2} - \dfrac{12x}{l^3}\right) & y\left(\dfrac{2}{l} - \dfrac{6x}{l^2}\right) \end{pmatrix} \qquad (3\text{-}47)$$

3.2.2 刚度矩阵

同样通过最小势能原理可以求解梁单元的刚度矩阵。

梁单元的应变能为

$$\begin{aligned} U^e &= \frac{1}{2}\int_V \boldsymbol{\varepsilon}^{\mathrm{T}} \boldsymbol{\sigma} \mathrm{d}V = \frac{1}{2}\int_V \left(\boldsymbol{\delta}^e\right)^{\mathrm{T}} \boldsymbol{B}^{\mathrm{T}} E\boldsymbol{B}\boldsymbol{\delta}^e \mathrm{d}V \\ &= \frac{1}{2}\left(\boldsymbol{\delta}^e\right)^{\mathrm{T}} \int_V \boldsymbol{B}^{\mathrm{T}} E\boldsymbol{B}\mathrm{d}V \cdot \boldsymbol{\delta}^e \\ &= \frac{1}{2}\left(\boldsymbol{\delta}^e\right)^{\mathrm{T}} \cdot \boldsymbol{K}^e \cdot \boldsymbol{\delta}^e \end{aligned} \qquad (3\text{-}48)$$

外力功为

$$V^e = \left(\boldsymbol{\delta}^e\right)^{\mathrm{T}} \boldsymbol{\delta}^e + \int_0^l \left(\boldsymbol{\delta}^e\right)^{\mathrm{T}} q(x)\mathrm{d}x \qquad (3\text{-}49)$$

式中 $q(x)$ 为分布载荷。

单元的总势能为

$$\begin{aligned}
\Pi^e &= U^e - V^e \\
&= \frac{1}{2}\left(\boldsymbol{\delta}^e\right)^{\mathrm{T}} \cdot \boldsymbol{K}^e \cdot \boldsymbol{\delta}^e - \left(\boldsymbol{\delta}^e\right)^{\mathrm{T}} \boldsymbol{F}^e - \left(\boldsymbol{\delta}^e\right)^{\mathrm{T}} \int_0^l \boldsymbol{N}^{\mathrm{T}} q(x)\mathrm{d}x \\
&= \frac{1}{2}\left(\boldsymbol{\delta}^e\right)^{\mathrm{T}} \cdot \boldsymbol{K}^e \cdot \boldsymbol{\delta}^e - \left(\boldsymbol{\delta}^e\right)^{\mathrm{T}} \boldsymbol{F}^e - \left(\boldsymbol{\delta}^e\right)^{\mathrm{T}} \boldsymbol{Q}^e
\end{aligned} \qquad (3\text{-}50)$$

式中 $\boldsymbol{Q}^e$ 是分布载荷的等效节点力。

由最小势能原理，在满足连续条件和边界条件的位移中，满足平衡条件的位移的总势能最小，所以有

$$\frac{\partial \Pi^e}{\partial \boldsymbol{\delta}^e} = \boldsymbol{K}^e \cdot \boldsymbol{\delta}^e - \boldsymbol{F}^e - \boldsymbol{Q}^e = 0 \qquad (3\text{-}51)$$

故可得到反映单元平衡状态的关系式，即刚度方程

$$\boldsymbol{K}^e \cdot \boldsymbol{\delta}^e = \boldsymbol{F}^e + \boldsymbol{Q}^e \qquad (3\text{-}52)$$

刚度矩阵为

$$\boldsymbol{K}^e = E \int_V \boldsymbol{B}^{\mathrm{T}} \boldsymbol{B} \mathrm{d}V = \begin{pmatrix} \dfrac{EA}{l} & 0 & 0 & -\dfrac{EA}{l} & 0 & 0 \\ & \dfrac{12EI_z}{l^3} & -\dfrac{6EI_z}{l^2} & 0 & -\dfrac{12EI_z}{l^3} & -\dfrac{6EI_z}{l^2} \\ & & \dfrac{4EI_z}{l} & 0 & \dfrac{6EI_z}{l^2} & \dfrac{2EI_z}{l} \\ & & & \dfrac{EA}{l} & 0 & 0 \\ & & & & \dfrac{12EI_z}{l^3} & \dfrac{6EI_z}{l^2} \\ & & & & & \dfrac{4EI_z}{l} \end{pmatrix} \quad (3\text{-}53)$$

3.2.3 等效节点载荷

当梁单元上承担分布轴力或者分布剪力时，需要根据功互等原理，将分布载荷转化到节点上。

单元虚位移与节点虚位移满足如下关系：

$$\boldsymbol{r}^* = \boldsymbol{N} \boldsymbol{\delta}^{*e} \quad (3\text{-}54)$$

分布力 $q(x)$ 在虚位移上所做的功为

$$\int_0^l \boldsymbol{r}^{*\mathrm{T}} q(x)\mathrm{d}x = \left(\boldsymbol{\delta}^{*e}\right)^{\mathrm{T}} \int_0^l \boldsymbol{N}^{\mathrm{T}} q(x)\mathrm{d}x \quad (3\text{-}55)$$

它与等效节点载荷在节点虚位移上所做的功相等，因此有

$$\left(\boldsymbol{\delta}^{*e}\right)^{\mathrm{T}} \boldsymbol{F}_q^e = \left(\boldsymbol{\delta}^{*e}\right)^{\mathrm{T}} \int_0^l \boldsymbol{N}^{\mathrm{T}} q(x)\mathrm{d}x \quad (3\text{-}56)$$

所以分布载荷的等效节点力计算公式为

$$\boldsymbol{F}_q^e = \int_0^l \boldsymbol{N}^{\mathrm{T}} q(x)\mathrm{d}x \qquad (3\text{-}57)$$

当梁单元承受分布轴力 $p(x)$ 时，等效节点力为

$$\boldsymbol{P} = \int_0^l p(x)\boldsymbol{N}_u^{\mathrm{T}}\mathrm{d}x \qquad (3\text{-}58)$$

式中 $\boldsymbol{N}_u = \left(1 - \dfrac{x}{l} \quad \dfrac{x}{l}\right)$。

当 $p(x) = p$ 为均布载荷时，则两节点各承担 $\dfrac{1}{2}pl$ 的载荷。

当梁单元承受分布剪力 $q(x)$ 时，等效节点力为

$$\boldsymbol{Q} = \int_0^l q(x)\boldsymbol{N}_v^{\mathrm{T}}\mathrm{d}x \qquad (3\text{-}59)$$

式中 $\boldsymbol{N}_v = \left(1 - \dfrac{3x^2}{l^2} + \dfrac{2x^3}{l^3} \quad x - \dfrac{2x^2}{l} + \dfrac{x^3}{l^2} \quad \dfrac{3x^2}{l^2} - \dfrac{2x^3}{l^3} \quad -\dfrac{x^2}{l} + \dfrac{x^3}{l^2}\right)$。

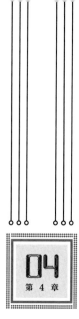

第 4 章

平面问题有限元法

4.1　平面问题的定义

当实际工程中的结构具有某些特殊性质时，就可以将空间问题简化为平面问题进行研究。平面问题又分为平面应力问题和平面应变问题。

4.1.1　平面应力问题

平面应力问题要求结构具有如下特征：（1）结构在厚度方向的尺寸远小于在另外两个方向的尺寸，即结构为薄板形状；（2）载荷平行于薄板平面且均匀分布。图 4-1 所示为典型的平面应力问题，薄板的横截面不承受载荷，因此平面问题的应力特点为

$$\sigma_z = \tau_{zx} = \tau_{yz} = 0 \qquad (4\text{-}1)$$

应变特点为

$$\gamma_{zx} = \gamma_{yz} = 0$$
$$\varepsilon_z = \frac{\mu}{1+\mu}(\varepsilon_x + \varepsilon_y) \qquad (4\text{-}2)$$

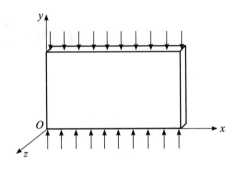

图 4-1　平面应力问题

由胡克定律可知

$$\varepsilon_x = \frac{1}{E}(\sigma_x - \mu\sigma_y)$$
$$\varepsilon_y = \frac{1}{E}(\sigma_y - \mu\sigma_x) \qquad (4\text{-}3)$$
$$\gamma_{xy} = \frac{2(1+\mu)}{E}\tau_{xy}$$

求解得到应力分量的矩阵表达式如下：

$$\begin{pmatrix} \sigma_x \\ \sigma_y \\ \tau_{xy} \end{pmatrix} = \frac{E}{1-\mu^2} \begin{pmatrix} 1 & \mu & \\ \mu & 1 & \\ & & \frac{1-\mu}{2} \end{pmatrix} \begin{pmatrix} \varepsilon_x \\ \varepsilon_y \\ \gamma_{xy} \end{pmatrix} \qquad (4\text{-}4)$$

4.1.2 平面应变问题

图 4-2 所示为典型的平面应变问题，作用力垂直于轴线方向且沿轴线均匀分布，结构内各点应力应变分量是 x、y 的函数，与 z 无关。因此，平面应变问题的应变特点为

$$\varepsilon_z = \gamma_{zx} = \gamma_{yz} = 0 \qquad (4\text{-}5)$$

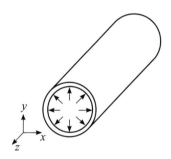

图 4-2 平面应变问题

根据物理方程，对应的应力特点如下：

$$\begin{aligned} \tau_{zx} &= \tau_{yz} = 0 \\ \sigma_z &= \mu(\sigma_x + \sigma_y) \end{aligned} \qquad (4\text{-}6)$$

同样由胡克定律求解得到应力分量的矩阵表达式如下：

$$
\begin{pmatrix} \sigma_x \\ \sigma_y \\ \tau_{xy} \end{pmatrix} = \frac{E(1-\mu)}{(1+\mu)(1-2\mu)} \begin{pmatrix} 1 & \dfrac{\mu}{1-\mu} & \\ \dfrac{\mu}{1-\mu} & 1 & \\ & & \dfrac{1-2\mu}{2(1-\mu)} \end{pmatrix} \begin{pmatrix} \varepsilon_x \\ \varepsilon_y \\ \gamma_{xy} \end{pmatrix} \tag{4-7}
$$

4.2 结构离散

上一章中对杆梁结构进行分析时，可以根据结构组成自然地以杆单元或者梁单元进行离散，对于平面问题，通常选用二维单元对结构进行离散，最常用的二维单元为三角形单元，其他还包括矩形单元以及平行四边形单元等，如图 4-3 所示。

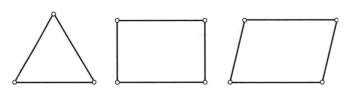

图 4-3   二维单元

离散单元的尺寸会直接影响求解精度和计算效率，所以在划分时需要平衡两方面的影响。当结构具有孔洞时，孔洞附近具有较陡的应力梯度，所以在这些区域要采用加密的网格。此外还需要考虑单元的纵横比（单元最长尺寸与最短尺寸之比），纵横比越接近 1，最终的计算效果就越好。

　　当结构在几何性质、材料性质等方面没有突变时，可以采用均匀网格进行划分，如果存在突变或间断，则需要在这些位置设置单元节点。当结构具有对称性时，可以只考虑对一半的结构进行计算，能够大大缩减计算模型的规模，节省大量计算时间，但需要在求解过程中引入对称条件。引入对称条件的方式为：若外载及结构相对于某轴对称，则对称面上自由节点相对于对称轴作为反对称移动的位移为零；若结构对称，外载反对称，则相对于对称轴作为对称移动的位移分量为零。

　　结构离散以后，还需要对单元节点进行统一编号，不能重复。节点的编号顺序与对应单元刚度矩阵在总刚矩阵中的位置有关，定义包括主对角元素在内的一侧非零元素的最大延伸长度为刚度矩阵的半带宽。有限元计算编程时，为了降低对计算机存储空间的要求，往往只存储半带宽中的元素，为了使带宽取值尽量小，通常沿结构的最窄方向进行节点编号。

4.3　三角形单元

4.3.1　位移函数及形函数

　　三角形单元对复杂边界有很强的适应能力，三节点三角形单元是最常见的二维单元，如图 4-4 所示，每个节点有两个位移分量，因此每个单元具有 6 个节点位移，即 6 个节点自由度。

$$\delta^e = \begin{pmatrix} \delta_i \\ \delta_j \\ \delta_m \end{pmatrix} = \begin{pmatrix} u_i\ v_i\ u_j\ v_j\ u_m\ v_m \end{pmatrix} \tag{4-8}$$

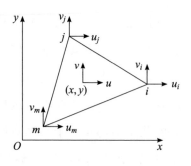

图 4-4　三节点三角形单元

由于每个节点具有 2 个方向的位移，所以三角形单元的位移函数也分为 $u(x, y)$ 和 $v(x, y)$ 两个部分。由于单元节点有 6 个自由度，因此两个位移函数中总共包含 6 个待定系数，即每个位移函数有 3 项。三角形单元的位移函数表示如下：

$$
\begin{aligned}
u(x, y) &= \alpha_1 + \alpha_2 x + \alpha_3 y \\
v(x, y) &= \alpha_4 + \alpha_5 x + \alpha_6 y
\end{aligned}
$$

（4-9）

式（4-9）为线性位移函数，当单元节点数目增加时，单元自由度也会增加，对应的位移函数也会具有更高的阶次，计算精度也就越高。将如图4-4 所示的节点位移和节点坐标代入位移函数，可以得到

$$
\begin{aligned}
u_i &= \alpha_1 + \alpha_2 x_i + \alpha_3 y_i \\
v_i &= \alpha_4 + \alpha_5 x_i + \alpha_6 y_i \\
u_j &= \alpha_1 + \alpha_2 x_j + \alpha_3 y_j \\
v_j &= \alpha_4 + \alpha_5 x_j + \alpha_6 y_j \\
u_m &= \alpha_1 + \alpha_2 x_m + \alpha_3 y_m \\
v_m &= \alpha_4 + \alpha_5 x_m + \alpha_6 y_m
\end{aligned}
$$

（4-10）

由式（4-10）中 6 个方程求出 6 个待定系数为

$$\alpha_1 = \frac{1}{2A}(a_i u_i + a_j u_j + a_m u_m)$$

$$\alpha_2 = \frac{1}{2A}(b_i u_i + b_j u_j + b_m u_m)$$

$$\alpha_3 = \frac{1}{2A}(c_i u_i + c_j u_j + c_m u_m)$$

$$\alpha_4 = \frac{1}{2A}(a_i v_i + a_j v_j + a_m v_m)$$ （4-11）

$$\alpha_5 = \frac{1}{2A}(b_i v_i + b_j v_j + b_m v_m)$$

$$\alpha_6 = \frac{1}{2A}(c_i v_i + c_j v_j + c_m v_m)$$

式中 $A = \dfrac{1}{2}\begin{vmatrix} 1 & x_i & y_i \\ 1 & x_j & y_j \\ 1 & x_m & y_m \end{vmatrix}$ 为三角形单元的面积，系数 a_i、b_i、c_i、a_j、b_j、c_j、

a_m、b_m、c_m 都与节点坐标有关，其表达式如下：

$$
\begin{aligned}
a_i &= x_j y_m - x_m y_j, & b_i &= y_j - y_m, & c_i &= x_m - x_j \\
a_j &= x_m y_i - x_i y_m, & b_j &= y_m - y_i, & c_j &= x_i - x_m \\
a_m &= x_i y_j - x_j y_i, & b_m &= y_i - y_j, & c_m &= x_j - x_i
\end{aligned}
$$ （4-12）

将式（4-11）代入式（4-9）可得

$$
\begin{aligned}
u &= N_i u_i + N_j u_j + N_m u_m \\
v &= N_i v_i + N_j v_j + N_m v_m
\end{aligned}
$$ （4-13）

位移函数的矩阵表达式为

$$\begin{pmatrix} u(x,y) \\ v(x,y) \end{pmatrix} = \begin{pmatrix} N_i & 0 & N_j & 0 & N_m & 0 \\ 0 & N_i & 0 & N_j & 0 & N_m \end{pmatrix} \begin{pmatrix} u_i \\ v_i \\ u_j \\ v_j \\ u_m \\ v_m \end{pmatrix} = \boldsymbol{N}\boldsymbol{\delta}^e \qquad (4\text{-}14)$$

式中 N_i、N_j、N_m 为三角形单元的形函数，其与坐标的关系如下：

$$N_i = \frac{1}{2A}(a_i + b_i x + c_i y)$$
$$N_j = \frac{1}{2A}(a_j + b_j x + c_j y) \qquad (4\text{-}15)$$
$$N_m = \frac{1}{2A}(a_m + b_m x + c_m y)$$

以上公式表明，只要知道了节点的位移，就可以通过形函数插值得到单元内任意一点的位移。形函数具有以下性质。

1）形函数在与其下标相同的节点处的值为 1，在其他节点处的值为零，即

$$N_i(x_i, y_i) = 1, \quad N_i(x_j, y_j) = N_i(x_m, y_m) = 0$$
$$N_j(x_j, y_j) = 1, \quad N_j(x_i, y_i) = N_j(x_m, y_m) = 0 \qquad (4\text{-}16)$$
$$N_m(x_m, y_m) = 1, \quad N_m(x_j, y_j) = N_m(x_i, y_i) = 0$$

2）在单元内任意一点，三个形函数之和为 1，即

$$N_i(x,y) + N_j(x,y) + N_m(x,y) = 1 \qquad (4-17)$$

与杆梁单元的位移函数一样，三角形单元的位移函数同样为多项式形式，多项式易于微分和积分，并且通过增加多项式的阶数可以方便地改善计算结果的精度。多项式函数的最终形式与单元性质及插值函数的阶次 n 有关，可以分类表示为下列形式。

1）一维单元：

$$n = 1 \quad u(x) = \alpha_1 + \alpha_2 x$$
$$n = 2 \quad u(x) = \alpha_1 + \alpha_2 x + \alpha_3 x^2$$
$$n = 3 \quad u(x) = \alpha_1 + \alpha_2 x + \alpha_3 x^2 + \alpha_4 x^3$$

2）二维单元：

$$n = 1 \quad u(x,y) = \alpha_1 + \alpha_2 x + \alpha_3 y$$
$$n = 2 \quad u(x,y) = \alpha_1 + \alpha_2 x + \alpha_3 y + \alpha_4 x^2 + \alpha_5 y^2 + \alpha_6 xy$$
$$n = 3 \quad u(x,y) = \alpha_1 + \alpha_2 x + \alpha_3 y + \alpha_4 x^2 + \alpha_5 y^2 + \alpha_6 xy + \alpha_7 x^3 + \alpha_8 y^3 + \alpha_9 x^2 y + \alpha_{10} xy^2$$

位移函数的选择需要满足以下 3 个条件。

1）位移函数中必须含有反映刚体运动的常数项，每个单元的位移通常包括两个部分：一部分与单元自身变形有关；另一部分与单元自身变形无关，是其他单元发生变形时连带引起的整体位移，这部分位移与单元的坐标点无关，因此在位移函数中需要常数项反映这部分的位移。

2）位移函数中必须含有反映常应变的一次项，当单元尺寸缩小时，单元的应变应该趋于常量。应变是位移的一阶导数，为了满足上述要求，位移函数中需要含有一次项。

3）位移函数必须保证足够的连续性，多项式函数在单元内部的连续性是自然满足的，还需要保证单元之间的连续性，即变形后的单元不会互相脱离或者侵入。

位移函数满足以上 3 个条件可以保证当单元尺寸逐渐缩小时，有限元解逐渐收敛于精确解。此外，位移函数还应该满足以下 2 个条件。

1）几何各向同性，即位移函数与局部坐标系无关，当交换坐标 x、y 时，多项式描述的位移形式不变，所以位移函数中的各项应具有对称性。

2）待定系数的个数与单元的节点自由度相等。

4.3.2　几何关系及物理关系

确定位移函数以后就可以根据几何方程求得单元应变为

$$\boldsymbol{\varepsilon} = \begin{pmatrix} \varepsilon_x \\ \varepsilon_y \\ \gamma_{xy} \end{pmatrix} = \begin{pmatrix} \dfrac{\partial u}{\partial x} & 0 \\ 0 & \dfrac{\partial v}{\partial y} \\ \dfrac{\partial u}{\partial y} & \dfrac{\partial v}{\partial x} \end{pmatrix} = \begin{pmatrix} \dfrac{\partial}{\partial x} & 0 \\ 0 & \dfrac{\partial}{\partial y} \\ \dfrac{\partial}{\partial y} & \dfrac{\partial}{\partial x} \end{pmatrix} \begin{pmatrix} u \\ v \end{pmatrix} = \begin{pmatrix} \dfrac{\partial}{\partial x} & 0 \\ 0 & \dfrac{\partial}{\partial y} \\ \dfrac{\partial}{\partial y} & \dfrac{\partial}{\partial x} \end{pmatrix} \boldsymbol{N} \boldsymbol{\delta}^e = \boldsymbol{B} \boldsymbol{\delta}^e \quad (4\text{-}18)$$

式中 $\boldsymbol{B}$ 称为几何矩阵或应变矩阵，将形函数展开可以得到

$$\boldsymbol{B} = \begin{pmatrix} \boldsymbol{B}_i & \boldsymbol{B}_s & \boldsymbol{B}_m \end{pmatrix} = \frac{1}{2A} \begin{pmatrix} b_i & 0 & b_j & 0 & b_m & 0 \\ 0 & c_i & 0 & c_j & 0 & c_m \\ c_i & b_i & c_j & b_j & c_m & b_m \end{pmatrix} \quad (4\text{-}19)$$

系数 b_i、c_i、b_j、c_j、b_m、c_m 都只与节点坐标有关，在单元内取值为常量，因此几何矩阵为常值矩阵，即单元内各点的应变分量相同，所以三节点三角

形单元为常应变单元。

根据平面问题的物理方程求得单元应力计算公式为

$$\boldsymbol{\sigma} = \begin{pmatrix} \sigma_x \\ \sigma_y \\ \tau_{xy} \end{pmatrix} = \boldsymbol{D}\boldsymbol{\varepsilon} = \boldsymbol{D}\boldsymbol{B}\boldsymbol{\delta}^e = \boldsymbol{S}\boldsymbol{\delta}^e \tag{4-20}$$

式中 $\boldsymbol{S}$ 为应力矩阵，展开形式为

$$\boldsymbol{S} = \boldsymbol{D}\boldsymbol{B} = \begin{pmatrix} \boldsymbol{S}_i & \boldsymbol{S}_j & \boldsymbol{S}_m \end{pmatrix} \tag{4-21}$$

式中子矩阵为

$$\boldsymbol{S}_s = \frac{E}{2(1-\mu^2)A} \begin{pmatrix} b_s & \mu c_s \\ \mu b_s & c_s \\ \dfrac{1-\mu}{2}c_s & \dfrac{1-\mu}{2}b_s \end{pmatrix} \quad (s=i,j,m) \tag{4-22}$$

弹性矩阵与几何矩阵均与坐标无关，所以应力矩阵 $\boldsymbol{S}$ 也为常数矩阵，三节点三角形单元也为常应力单元。

4.3.3 刚度方程

由最小势能原理得到单元的刚度矩阵为

$$\boldsymbol{K}^e = \int_V \boldsymbol{B}^{\mathrm{T}} \boldsymbol{D}\boldsymbol{B}\,\mathrm{d}V \tag{4-23}$$

由上节可知几何矩阵 $\boldsymbol{B}$ 为常数矩阵，因此三节点三角形单元的刚度矩阵为

$$\boldsymbol{K}^e = \boldsymbol{B}^{\mathrm{T}}\boldsymbol{D}\boldsymbol{B}tA = \begin{pmatrix} \boldsymbol{k}_{ii} & \boldsymbol{k}_{ij} & \boldsymbol{k}_{im} \\ \boldsymbol{k}_{ji} & \boldsymbol{k}_{jj} & \boldsymbol{k}_{jm} \\ \boldsymbol{k}_{mi} & \boldsymbol{k}_{mj} & \boldsymbol{k}_{mm} \end{pmatrix} \tag{4-24}$$

式中每个分块矩阵的表达式为

$$k_{rs} = \boldsymbol{B}_r^{\mathrm{T}}\boldsymbol{D}\boldsymbol{B}_s tA = \frac{Et}{4(1-\mu^2)A}$$

$$\begin{pmatrix} b_r b_s + \dfrac{1-\mu}{2}c_r c_s & \mu c_r b_s + \dfrac{1-\mu}{2}b_r c_s \\ \mu b_r c_s + \dfrac{1-\mu}{2}c_r b_s & c_r c_s + \dfrac{1-\mu}{2}b_r b_s \end{pmatrix} \quad (r,s=i,j,m) \tag{4-25}$$

刚度方程为

$$\boldsymbol{K}^e \boldsymbol{\delta}^e = \boldsymbol{F}^e \tag{4-26}$$

展开形式为

$$\begin{pmatrix} k_{11} & k_{12} & k_{13} & k_{14} & k_{15} & k_{16} \\ k_{21} & k_{22} & k_{23} & k_{24} & k_{25} & k_{26} \\ k_{31} & k_{32} & k_{33} & k_{34} & k_{35} & k_{36} \\ k_{41} & k_{42} & k_{43} & k_{44} & k_{45} & k_{46} \\ k_{51} & k_{52} & k_{53} & k_{54} & k_{55} & k_{56} \\ k_{61} & k_{62} & k_{63} & k_{64} & k_{65} & k_{66} \end{pmatrix} \begin{pmatrix} u_1 \\ v_1 \\ u_2 \\ v_2 \\ u_3 \\ v_3 \end{pmatrix} = \begin{pmatrix} F_{1x} \\ F_{1y} \\ F_{2x} \\ F_{2y} \\ F_{3x} \\ F_{3y} \end{pmatrix} \tag{4-27}$$

k_{ij} 的物理意义为当单元的第 j 个节点发生单位位移且其余节点位移为零时，需要在第 i 个节点施加的力的大小。

4.3.4　总刚矩阵

根据叠加原理，可得全结构的平衡方程为

$$\boldsymbol{K}\boldsymbol{\delta} = \boldsymbol{P} \tag{4-28}$$

式中，$\boldsymbol{\delta} = \left(\delta_1\ \delta_2\cdots\delta_n\right)^{\mathrm{T}}$ 是所有节点位移组成的列矩阵；$\boldsymbol{P} = \left(P_1\ P_2\cdots P_n\right)^{\mathrm{T}}$ 是所有节点载荷组成的列矩阵；$\boldsymbol{K}$ 为总刚矩阵，其表达式为

$$\boldsymbol{K} = \sum_{i=1}^{n}\sum_{e}\sum_{s=i,j,m}\boldsymbol{k}_s \tag{4-29}$$

下面将通过如图 4-5 所示的包含 4 个单元、6 个节点的简单结构说明总刚集成过程。

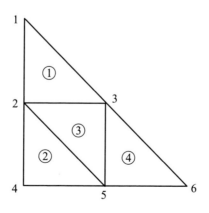

图 4-5　总刚集成示意图

首先在整体结构中对各单元的节点进行统一编号，根据节点编号形成各单元的刚度矩阵，并置于总刚矩阵中相应行列的位置。以单元③为例，其节点编号为 2、3、5，那么单元刚度矩阵中各项在总刚矩阵中的位置即为第 2、3、5 行和第 2、3、5 列的相应位置。将所有单元的刚度矩阵都进行相同的操作，即可得到最终的总刚矩阵——式（4-30），其中上标代表单元序号。

$$\boldsymbol{K} = \begin{pmatrix} K_{11}^1 & K_{12}^1 & K_{13}^1 & 0 & 0 & 0 \\ K_{21}^1 & K_{22}^{1+2+3} & K_{23}^{1+3} & K_{24}^2 & K_{25}^{2+3} & 0 \\ K_{31}^1 & K_{32}^{1+3} & K_{33}^{1+3+4} & 0 & K_{35}^{3+4} & K_{36}^4 \\ 0 & K_{42}^2 & 0 & K_{44}^2 & K_{45}^2 & 0 \\ 0 & K_{52}^{2+3} & K_{53}^{3+4} & K_{54}^2 & K_{55}^{2+3+4} & K_{56}^4 \\ 0 & 0 & K_{63}^4 & 0 & K_{65}^4 & K_{66}^4 \end{pmatrix} \qquad （4\text{-}30）$$

4.3.5　等效节点载荷

当三节点三角形单元受到集中力、表面力或体积力时，同样需要转化为节点载荷。

当单元上任意一点 c (x_c, y_c) 处作用有集中力 $\boldsymbol{P}_c = \begin{pmatrix} P_{cx} & P_{cy} \end{pmatrix}^{\mathrm{T}}$ 时（如图 4-6 所示），根据功互等原理得到 i 节点的等效节点力为

$$\begin{pmatrix} P_{ix} \\ P_{iy} \end{pmatrix} = N_i(x_c, y_c) \begin{pmatrix} P_{cx} \\ P_{cy} \end{pmatrix} \qquad （4\text{-}31）$$

式中 $N_i(x_c, y_c)$ 为形函数在集中力作用点 c 处的值：

$$N_i(x_c, y_c) = \frac{1}{2A}(a_i + b_i x_c + c_i y_c) = \frac{A_{cjm}}{A} = L_i \quad （4\text{-}32）$$

A_{cjm} 为节点 c、j、m 构成的三角形面积，L_i 为 c 点面积坐标的一个分量。

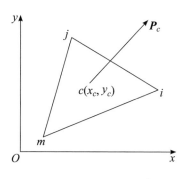

图 4-6　集中力

将以上关系推广到节点 j、m，可以得到集中力 $\boldsymbol{P}_c$ 的等效节点载荷为

$$\begin{pmatrix} P_i \\ P_j \\ P_m \end{pmatrix} = \begin{pmatrix} L_i \boldsymbol{P}_c \\ L_j \boldsymbol{P}_c \\ L_m \boldsymbol{P}_c \end{pmatrix} \quad （4\text{-}33）$$

当单元的 ij 边上作用有表面力 $\boldsymbol{p}$ 时（如图 4-7 所示），如果 ij 边长为 l，则边上与 i 节点的距离为 s 的点 c 处的形函数为

$$N_i(x_c, y_c) = \frac{A_{cjm}}{A} = \frac{l-s}{l}$$

$$N_j(x_c, y_c) = \frac{A_{cim}}{A} = \frac{s}{l} \qquad (4\text{-}34)$$

$$N_m(x_c, y_c) = 0$$

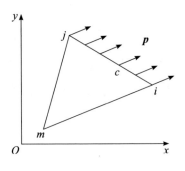

图 4-7   表面力

因此可以得到表面力 $\boldsymbol{p}$ 的等效节点载荷为

$$\begin{pmatrix} P_i \\ P_j \\ P_m \end{pmatrix} = \begin{pmatrix} \int_0^l (1-\dfrac{s}{l})\boldsymbol{p}\mathrm{d}s \\ \int_0^l \dfrac{s}{l}\boldsymbol{p}\mathrm{d}s \\ 0 \end{pmatrix} \qquad (4\text{-}35)$$

当单元承受如图 4-8 所示的体积力 $\boldsymbol{q}$ 时，同样利用式（4-31）将载荷向节点等效，并在整个单元范围内积分，得到体积力的等效节点载荷为

$$\boldsymbol{P}_s = \iint \boldsymbol{N}_s \boldsymbol{q} t \mathrm{d}x\mathrm{d}y \quad (s=i,j,m) \qquad (4\text{-}36)$$

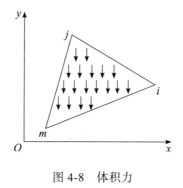

图 4-8　体积力

4.3.6　几何约束处理

通过以上步骤确定了总刚矩阵 $\boldsymbol{K}$ 和节点外载荷列矩阵 $\boldsymbol{P}$，所以得到整体结构的平衡方程为

$$\boldsymbol{K\delta} = \boldsymbol{P} \qquad\qquad （4\text{-}37）$$

求解式（4-37）就可以得到节点位移列矩阵 $\boldsymbol{\delta}$，但从数学角度分析，总刚矩阵是对称、半正定的奇异矩阵，行列式为零，不能求逆，所以式（4-37）无法直接求解。从物理角度分析，这是因为平衡方程没有考虑结构的几何约束，可以产生任意的刚体位移，所以无法确定唯一解，需要对结构施加位移约束，排除结构的刚体运动，消除矩阵 $\boldsymbol{K}$ 的奇异性。

当结构中节点的位移为零时（即节点受到刚性支座的约束时），可以将总刚矩阵中节点编号对应的行、列的主对角元素赋值为 1，其余元素赋值为 0。将载荷列矩阵中相应位置的载荷也赋值为 0。

当结构中节点的位移为非零的已知值时，则将该节点编号对应的行、列的主对角元素赋值为一个很大的数，同时将对应的外载荷也相应地用已知位移值乘以该主对角元素得到的值来代替，其余各行保持不变。因为主对角元素乘以了一个很大的数，所以该行各项乘以节点位移列矩阵得到的平衡方程中，其余刚度系数产生的影响很小，所以最终求解得到的节点位移近似等于已知位移值。通过这一方法，在保证节点位移基本不变的情况下，消除了刚度矩阵的奇异性。

4.3.7   线性方程组求解

平面问题的分析最终被转化为以总刚矩阵为系数矩阵的线性代数方程组的求解。线性方程组的求解方法包括直接解法（高斯消去法、三角分解法）和迭代解法（高斯–赛德尔迭代、超松弛迭代）等，可以参考数值分析相关书籍来详细了解。

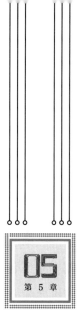

空间问题有限元法

实际工程中的大部分结构无法简化为一维杆梁问题或二维平面问题，需要当作空间三维结构进行处理。三维问题的节点位移 δ_i 具有沿 x、y、z 3 个方向的分量，分别以 u、v、w 表示为

$$\delta_i = \begin{pmatrix} u_i & v_i & w_i \end{pmatrix} \tag{5-1}$$

由几何关系得到 6 个应变分量

$$\boldsymbol{\varepsilon} = \begin{pmatrix} \varepsilon_x & \varepsilon_y & \varepsilon_z & \gamma_{xy} & \gamma_{yz} & \gamma_{zx} \end{pmatrix}^{\mathrm{T}} \tag{5-2}$$

再由物理关系得到对应的 6 个应力分量

$$\boldsymbol{\sigma} = \begin{pmatrix} \sigma_x & \sigma_y & \sigma_z & \tau_{xy} & \tau_{yz} & \tau_{zx} \end{pmatrix}^{\mathrm{T}} \tag{5-3}$$

三维问题通常采用三维实体几何模型进行网格划分，常用的三维问题基本单元包括四面体单元、六面体单元等。下面将对空间问题中最基本的三维单元——四面体单元进行介绍。

5.1　位移函数及形函数

图 5-1 所示的四面体单元是最简单的三维空间单元，包含 i、j、k、m 4 个节点。

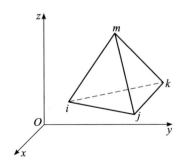

图 5-1　四面体单元

单元的每个节点都有沿 x、y、z 3 个方向的位移分量，所以四面体单元总共有 12 个自由度，节点位移列矩阵为

$$\boldsymbol{\delta}^e = \begin{pmatrix} u_i & v_i & w_i & u_j & v_j & w_j & u_k & v_k & w_k & u_m & v_m & w_m \end{pmatrix} \tag{5-4}$$

　　假设单元的位移函数为线性函数，每个方向的位移包含 4 个待定系数，总共有 12 个待定系数，与单元的自由度相同，因此位移函数为

$$
\begin{aligned}
u &= \alpha_1 + \alpha_2 x + \alpha_3 y + \alpha_4 z \\
v &= \alpha_5 + \alpha_6 x + \alpha_7 y + \alpha_8 z \\
w &= \alpha_9 + \alpha_{10} x + \alpha_{11} y + \alpha_{12} z
\end{aligned}
\tag{5-5}
$$

　　将 4 个节点的节点位移及坐标值代入式（5-5），可以求解得到 12 个待定系数。将待定系数代回式（5-5），整理得到

$$
\begin{aligned}
u &= N_i u_i + N_j u_j + N_k u_k + N_m u_m \\
v &= N_i v_i + N_j v_j + N_k v_k + N_m v_m \\
w &= N_i w_i + N_j w_j + N_k w_k + N_m w_m
\end{aligned}
\tag{5-6}
$$

式中形函数 N_i、N_j、N_k、N_m 的表达式为

$$
N_s = \frac{1}{6V}(a_s + b_s x + c_s y + d_s z) \quad (s = i, j, k, m)
\tag{5-7}
$$

式中 V 是四面体的体积。

$$
6V = \begin{vmatrix}
1 & x_i & y_i & z_i \\
1 & x_j & y_j & z_j \\
1 & x_k & y_k & z_k \\
1 & x_m & y_m & z_m
\end{vmatrix}
\tag{5-8}
$$

系数 a_i、b_i、c_i、d_i 同样为坐标值的表达式：

$$a_i = \begin{vmatrix} x_j & y_j & z_j \\ x_k & y_k & z_k \\ x_m & y_m & z_m \end{vmatrix} \quad b_i = -\begin{vmatrix} 1 & y_j & z_j \\ 1 & y_k & z_k \\ 1 & y_m & z_m \end{vmatrix}$$

$$c_i = \begin{vmatrix} 1 & x_j & z_j \\ 1 & x_k & z_k \\ 1 & x_m & z_m \end{vmatrix} \quad d_i = \begin{vmatrix} 1 & x_j & y_j \\ 1 & x_k & y_k \\ 1 & x_m & y_m \end{vmatrix} \quad (5\text{-}9)$$

5.2　几何关系及物理关系

确定位移函数以后，就可以根据几何方程求得四面体单元的应变：

$$\boldsymbol{\varepsilon} = \begin{pmatrix} \varepsilon_x \\ \varepsilon_y \\ \varepsilon_z \\ \gamma_{xy} \\ \gamma_{yz} \\ \gamma_{zx} \end{pmatrix} = \begin{pmatrix} \frac{\partial}{\partial x} & 0 & 0 \\ 0 & \frac{\partial}{\partial y} & 0 \\ 0 & 0 & \frac{\partial}{\partial z} \\ \frac{\partial}{\partial y} & \frac{\partial}{\partial x} & 0 \\ 0 & \frac{\partial}{\partial z} & \frac{\partial}{\partial y} \\ \frac{\partial}{\partial z} & 0 & \frac{\partial}{\partial x} \end{pmatrix} \begin{pmatrix} u \\ v \\ w \end{pmatrix} = \boldsymbol{LN}\boldsymbol{\delta}^e = \boldsymbol{B}\boldsymbol{\delta}^e \quad (5\text{-}10)$$

几何矩阵 $\boldsymbol{B}$ 展开为

$$\boldsymbol{B} = \begin{pmatrix} \boldsymbol{B}_i & \boldsymbol{B}_j & \boldsymbol{B}_k & \boldsymbol{B}_m \end{pmatrix} \quad (5\text{-}11)$$

式中子矩阵的表达式为

$$\boldsymbol{B}_s = \frac{1}{6V} \begin{pmatrix} b_s & 0 & 0 \\ 0 & c_s & 0 \\ 0 & 0 & d_s \\ c_s & b_s & 0 \\ 0 & d_s & c_s \\ d_s & 0 & b_s \end{pmatrix} \quad (s = i, j, k, m) \qquad （5\text{-}12）$$

　　与三节点三角形单元相似，四节点四面体单元几何矩阵各项只与节点坐标有关，在同一个单元内不同位置取值相同，因此也为常应变单元。

　　根据物理方程求得单元的应力矩阵为

$$\boldsymbol{\sigma} = \boldsymbol{D}\boldsymbol{\varepsilon} = \boldsymbol{D}\boldsymbol{B}\boldsymbol{\delta}^e = \boldsymbol{S}\boldsymbol{\delta}^e = \begin{pmatrix} \boldsymbol{S}_i & \boldsymbol{S}_j & \boldsymbol{S}_k & \boldsymbol{S}_m \end{pmatrix} \boldsymbol{\delta}^e \qquad （5\text{-}13）$$

式中子矩阵的表达式为

$$\boldsymbol{S}_s = \frac{6A_3}{V} \begin{pmatrix} b_s & A_1 c_s & A_1 b_s \\ A_1 b_s & c_s & A_1 d_s \\ A_1 b_s & A_1 c_s & d_s \\ A_2 c_s & A_2 b_s & 0 \\ 0 & A_2 d_s & A_2 c_s \\ A_2 d_s & 0 & A_2 b_s \end{pmatrix} \quad (s = i, j, k, m) \qquad （5\text{-}14）$$

式中

$$A_1 = \frac{\mu}{1-\mu} \quad A_2 = \frac{1-2\mu}{2(1-\mu)} \quad A_3 = \frac{E(1-\mu)}{36(1+\mu)(1-2\mu)} \qquad （5\text{-}15）$$

5.3 单元刚度矩阵

由于四节点四面体单元为常应变单元，所以单元刚度矩阵为

$$K^e = B^T DB V \qquad (5\text{-}16)$$

可以写成如下分块形式

$$K^e = \begin{pmatrix} k_{ii} & k_{ij} & k_{ik} & k_{im} \\ k_{ji} & k_{jj} & k_{jk} & k_{jm} \\ k_{ki} & k_{kj} & k_{kk} & k_{km} \\ k_{mi} & k_{mj} & k_{mk} & k_{mm} \end{pmatrix} \qquad (5\text{-}17)$$

式中任一子矩阵的表达式为

$$k_{rs} = B_r^T DB_s V \qquad (r,s=i,j,k,m) \qquad (5\text{-}18)$$

确定单元刚度矩阵以后，剩余的有限元计算步骤，包括组装总刚矩阵、计算等效节点载荷以及求解线性方程组等，与三节点三角形单元的处理方式类似，这里不再介绍。

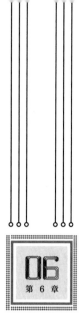

等参单元

前面三章介绍了几种常用单元及形函数的构造方法，但对于实际工程中常见的曲边结构，采用已有的直边单元无法很好地逼近曲边形状，往往需要将网格划分得十分精细，才能近似用直边代替原结构的曲边。为了更好地分析具有复杂几何边界的结构，本章将讨论如何将形状规则的单元转化为边界为曲边或者曲面的不规则单元，最常采用的方法为等参变换，即单元几何形状的插值函数与位移形函数的插值形式相同。

6.1　等参变换

6.1.1　坐标变换

图 6-1 中是平面问题的两种坐标系，其中基准坐标系中单元几何形状规则，如图 6-1a 所示，前面讨论的几种基本单元均建立在基准坐标系下。实际问题中划分得到的单元几何形状不规则，在物理坐标系下的表示如图 6-1b 所示。可以通过某种变换，用基准坐标系下的单元表达推导物理坐标系下的单元表达。

假设基准坐标系与物理坐标系有如下转换关系：

$$\begin{aligned} x &= x(\xi,\eta) \\ y &= y(\xi,\eta) \end{aligned} \tag{6-1}$$

根据四边形单元在两个坐标系中节点坐标的对应关系，式（6-1）满足以下条件：

$$\begin{aligned} x_i &= x(\xi_i,\eta_i) \\ y_i &= y(\xi_i,\eta_i) \end{aligned} \quad (i=1,2,3,4) \tag{6-2}$$

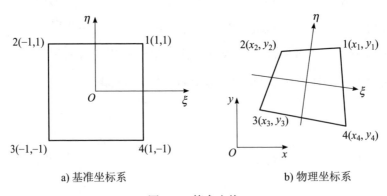

a) 基准坐标系　　　　　　　　b) 物理坐标系

图 6-1　等参变换

由于在 x、y 方向上都可以根据 4 个节点的对应关系得到 4 个等式，因此可以将两坐标系之间的转换关系表示为包含四个待定系数的多项式：

$$x = a_0 + a_1\xi + a_2\eta + a_3\xi\eta$$
$$y = b_0 + b_1\xi + b_2\eta + b_3\xi\eta$$

（6-3）

将 4 个节点坐标代入，求出待定系数，再代回式（6-3）中，可以得到如下转换关系：

$$x(\xi,\eta) = \tilde{N}_1(\xi,\eta)x_1 + \tilde{N}_2(\xi,\eta)x_2 + \tilde{N}_3(\xi,\eta)x_3 + \tilde{N}_4(\xi,\eta)x_4$$
$$y(\xi,\eta) = \tilde{N}_1(\xi,\eta)y_1 + \tilde{N}_2(\xi,\eta)y_2 + \tilde{N}_3(\xi,\eta)y_3 + \tilde{N}_4(\xi,\eta)y_4$$

（6-4）

式中

$$\tilde{N}_i = \frac{1}{4}(1+\xi\xi_i)(1+\eta\eta_i)$$

（6-5）

$\tilde{N}_i$ 称为几何形函数，它的形式与四节点矩形单元位移形函数的形式完全相同。不同的是，位移形函数用节点位移对单元内任一点位移进行插值，几何形函数用基准坐标系的节点坐标对物理坐标系内任一点坐标进行插值。这种用相同的节点插值表示单元的几何坐标与位移的单元就称为等参单元。

6.1.2　偏导数变换

计算单元的刚度矩阵时需要对位移求导，位移与坐标有关，所以需要建立基准坐标系与物理坐标系下偏导数的转换关系。物理坐标系 (x, y) 中的

任意一个函数 $\Phi(x, y)$ 的偏导数可以表示为

$$\begin{aligned} \frac{\partial \Phi}{\partial \xi} &= \frac{\partial \Phi}{\partial x}\frac{\partial x}{\partial \xi} + \frac{\partial \Phi}{\partial y}\frac{\partial y}{\partial \xi} \\ \frac{\partial \Phi}{\partial \eta} &= \frac{\partial \Phi}{\partial x}\frac{\partial x}{\partial \eta} + \frac{\partial \Phi}{\partial y}\frac{\partial y}{\partial \eta} \end{aligned} \tag{6-6}$$

因此，偏导数的转换关系为

$$\begin{aligned} \frac{\partial}{\partial \xi} &= \frac{\partial x}{\partial \xi}\frac{\partial}{\partial x} + \frac{\partial y}{\partial \xi}\frac{\partial}{\partial y} \\ \frac{\partial}{\partial \eta} &= \frac{\partial x}{\partial \eta}\frac{\partial}{\partial x} + \frac{\partial y}{\partial \eta}\frac{\partial}{\partial y} \end{aligned} \tag{6-7}$$

写成矩阵形式为

$$\begin{pmatrix} \dfrac{\partial}{\partial \xi} \\ \dfrac{\partial}{\partial \eta} \end{pmatrix} = J \begin{pmatrix} \dfrac{\partial}{\partial x} \\ \dfrac{\partial}{\partial y} \end{pmatrix} \tag{6-8}$$

式中 J 为雅可比矩阵。

$$J = \begin{pmatrix} \dfrac{\partial x}{\partial \xi} & \dfrac{\partial y}{\partial \xi} \\ \dfrac{\partial x}{\partial \eta} & \dfrac{\partial y}{\partial \eta} \end{pmatrix} \tag{6-9}$$

式（6-7）也可以写成逆形式，即物理坐标系下偏导数的显式表达：

$$\frac{\partial}{\partial x} = \frac{1}{|\boldsymbol{J}|}\left(\frac{\partial y}{\partial \eta}\frac{\partial}{\partial \xi} - \frac{\partial y}{\partial \xi}\frac{\partial}{\partial \eta}\right)$$

$$\frac{\partial}{\partial y} = \frac{1}{|\boldsymbol{J}|}\left(-\frac{\partial x}{\partial \eta}\frac{\partial}{\partial \xi} + \frac{\partial x}{\partial \xi}\frac{\partial}{\partial \eta}\right) \tag{6-10}$$

6.1.3　单元刚度矩阵

在物理坐标系下的单元刚度矩阵计算式为

$$\boldsymbol{K}_{xy}^{e} = \int_{A}\left[\boldsymbol{B}\left(x, y, \frac{\partial}{\partial x}, \frac{\partial}{\partial y}\right)\right]^{\mathrm{T}} \boldsymbol{D}\left[\boldsymbol{B}\left(x, y, \frac{\partial}{\partial x}, \frac{\partial}{\partial y}\right)\right]\mathrm{d}x\mathrm{d}y \cdot t \tag{6-11}$$

将其转换为基准坐标系下的单元刚度矩阵，首先需要对几何矩阵 $\boldsymbol{B}\left(x, y, \dfrac{\partial}{\partial x}, \dfrac{\partial}{\partial y}\right)$ 进行转换：

$$\boldsymbol{B}\left(x, y, \frac{\partial}{\partial x}, \frac{\partial}{\partial y}\right) = \begin{pmatrix} \dfrac{\partial}{\partial x} & 0 \\ 0 & \dfrac{\partial}{\partial y} \\ \dfrac{\partial}{\partial y} & \dfrac{\partial}{\partial x} \end{pmatrix} N(x, y) = \boldsymbol{B}^{*}\left(\xi, \eta, \frac{\partial}{\partial \xi}, \frac{\partial}{\partial \eta}\right) \tag{6-12}$$

其次还需要对微元 $\mathrm{d}x\mathrm{d}y$ 进行转换：

$$\mathrm{d}x\mathrm{d}y = |\boldsymbol{J}|\mathrm{d}\xi\mathrm{d}\eta \tag{6-13}$$

最终得到由基准坐标表达的单元刚度矩阵为

$$\boldsymbol{K}_{\xi\eta}^{e} = \int_{-1}^{1}\int_{-1}^{1}\left[\boldsymbol{B}^{*}\left(\xi,\eta,\frac{\partial}{\partial\xi},\frac{\partial}{\partial\eta}\right)\right]^{\mathrm{T}}\boldsymbol{D}\left[\boldsymbol{B}\left(\xi,\eta,\frac{\partial}{\partial\xi},\frac{\partial}{\partial\eta}\right)\right]|\boldsymbol{J}|\mathrm{d}\xi\mathrm{d}\eta\cdot t \qquad （6-14）$$

6.2　等参变换的条件

两个坐标之间一对一变换的前提条件是雅可比行列式 $|\boldsymbol{J}|$ 不为零，等参变换同样需要满足这一条件。如果 $|\boldsymbol{J}|=0$，则式（6-10）无法计算，无法完成两种坐标之间的偏导数变换；此外，如果 $|\boldsymbol{J}|=0$，由式（6-13）可知物理坐标系中面积微元等于零，即在基准坐标中的面积微元对应于一个点，这种变换显然不是一一对应的。

下面将讨论如何防止出现 $|\boldsymbol{J}|=0$ 的情况。物理坐标系中的面积微元可以表示为

$$\mathrm{d}x\mathrm{d}y = |\mathrm{d}\xi\times\mathrm{d}\eta| = |\mathrm{d}\xi||\mathrm{d}\eta|\sin(\mathrm{d}\xi,\mathrm{d}\eta) \qquad （6-15）$$

结合式（6-13）可得

$$|\boldsymbol{J}| = \frac{|\mathrm{d}\xi||\mathrm{d}\eta|\sin(\mathrm{d}\xi,\mathrm{d}\eta)}{\mathrm{d}\xi\mathrm{d}\eta} \qquad （6-16）$$

为了防止 $|\boldsymbol{J}|=0$，需要避免以下三种情况出现：

$$|\mathrm{d}\xi| = 0 \quad |\mathrm{d}\eta| = 0 \quad \sin(\mathrm{d}\xi, \mathrm{d}\eta) = 0 \qquad （6\text{-}17）$$

正常情况及三种$|\boldsymbol{J}| = 0$情况对应的单元形状如图 6-2 所示。

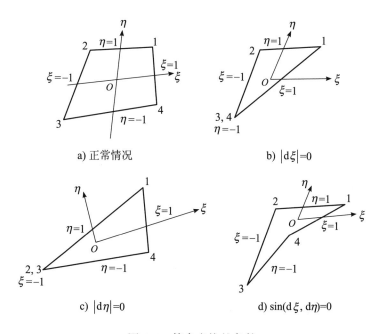

图 6-2　等参变换的条件

6.3　数值积分

尽管基准坐标系下单元刚度矩阵的积分上下限很简单，但被积函数复杂，很难得到其解析表达式，所以在实际计算中，大多采用数值积分的方法求得单元刚度矩阵的近似值。

一个函数的定积分，可以通过 n 个点函数值的加权和进行近似计算，即

$$\int_{-1}^{1} f(\xi)\,\mathrm{d}\xi = \sum_{k=1}^{n} A_k \varphi(\xi_k) \qquad （6-18）$$

式中 $f(\xi)$ 为被积函数，$\varphi(\xi_k)$ 为积分函数的近似多项式，n 为积分点的个数，A_k 为积分点权重，ξ_k 为积分点的位置。多项式 $\varphi(\xi_k)$ 在积分点的取值与被积函数在该点的取值相同。

6.3.1   牛顿 – 科茨积分

牛顿 – 科茨积分方法中的积分点在积分区域内等间距分布。近似多项式为拉格朗日插值多项式，即

$$\varphi(\xi) = \sum_{i=1}^{n} l_i^{n-1}(\xi) f(\xi_i) \qquad （6-19）$$

式中 $l_i^{n-1}(\xi)$ 为 $n-1$ 阶的拉格朗日插值函数，即

$$l_i^{n-1}(\xi) = \frac{(\xi - \xi_1)(\xi - \xi_2)\cdots(\xi - \xi_{i-1})(\xi - \xi_{i+1})\cdots(\xi - \xi_n)}{(\xi_i - \xi_1)(\xi_i - \xi_2)\cdots(\xi_i - \xi_{i-1})(\xi_i - \xi_{i+1})\cdots(\xi_i - \xi_n)} \qquad （6-20）$$

$l_i^{n-1}(\xi)$ 具有如下性质：

$$\begin{aligned} l_i^{n-1}(\xi_i) &= \delta_{ij} \\ \varphi(\xi_i) &= f(\xi_i) \end{aligned} \qquad （6-21）$$

$\varphi(\xi)$ 为 $n-1$ 次多项式，积分为

$$I = \int_{-1}^{1} f(\xi)\,\mathrm{d}\xi \approx \int_{-1}^{1} \varphi(\xi)\,\mathrm{d}\xi = \int_{-1}^{1} \sum_{i=1}^{n} l_i^{n-1}(\xi) f(\xi_i)\,\mathrm{d}\xi$$

$$= \sum_{i=1}^{n} \left\{ \left[\int_{-1}^{1} l_i^{n-1}(\xi)\,\mathrm{d}\xi \right] f(\xi_i) \right\} \qquad (6\text{-}22)$$

$$= \sum_{i=1}^{n} A_i f(\xi_i)$$

式中 A_i 为积分权系数：

$$A_i = \int_{-1}^{1} l_i^{n-1}(\xi)\mathrm{d}\xi \qquad (6\text{-}23)$$

牛顿 – 科茨积分在被积函数便于等间距取积分点时是适用的，但在有限元计算中，如果可以根据积分点的数目合理选择积分点的位置，就可以达到更高的数值积分精度。高斯积分可以满足上述要求，因此在有限元分析中得到了广泛的应用。

6.3.2 高斯积分

首先定义 n 次多项式 $P(\xi)$：

$$P(\xi) = (\xi - \xi_1)(\xi - \xi_2)\cdots(\xi - \xi_n) = \prod_{j=1}^{n}(\xi - \xi_j) \qquad (6\text{-}24)$$

由以下条件确定 n 个积分点的位置：

$$\int_{-1}^{1} \xi^i P(\xi)\mathrm{d}\xi = 0 \quad (i = 0,1,\cdots,n-1) \qquad (6\text{-}25)$$

$P(\xi)$ 具有以下两个性质。

1）在积分点上 $P(\xi_i) = 0$ 。

2）与 $\xi^0, \xi^1, \xi^2, \cdots, \xi^n$ 在 $(-1,1)$ 域内正交。

被积函数 $f(\xi)$ 可由 $2n-1$ 次多项式 $\psi(\xi)$ 来近似，即

$$\psi(\xi) = \sum_{i=1}^{n} l_i^{n-1}(\xi) f(\xi_i) + \sum_{i=1}^{n-1} \beta_i \xi^i P(\xi) \tag{6-26}$$

则积分式为

$$\begin{aligned} I &= \sum_{i=1}^{n} \left\{ \left[\int_{-1}^{1} l_i^{n-1}(\xi) \mathrm{d}\xi \right] f(\xi_i) \right\} + \sum_{i=1}^{n-1} \int_{-1}^{1} \beta_i \xi^i P(\xi) \mathrm{d}\xi \\ &= \sum_{i=1}^{n} A_i f(\xi_i) \end{aligned} \tag{6-27}$$

当积分点个数 $n=1$ 时，

$$I = \int_{-1}^{1} f(\xi) \mathrm{d}\xi \approx 2f(0) \tag{6-28}$$

即 $A_1 = 2$ ，$\xi_1 = 0$ ，它是梯形积分公式。

当积分点个数 $n=2$ 时，

$$I = \int_{-1}^{1} f(\xi) \mathrm{d}\xi \approx A_1 f(\xi_1) + A_2 f(\xi_2) \tag{6-29}$$

令 $f(\xi)$ 分别取 1、ξ、ξ^2、ξ^3 并代入式（6-29），可以得到以下四个方程：

$$2 = A_1 + A_2$$
$$0 = A_1\xi_1 + A_2\xi_2$$
$$\frac{2}{3} = A_1\xi_1^2 + A_2\xi_2^2 \tag{6-30}$$
$$0 = A_1\xi_1^3 + A_2\xi_2^3$$

解得

$$\xi_1 = -\frac{1}{\sqrt{3}}, \quad \xi_2 = \frac{1}{\sqrt{3}}, \quad A_1 = A_2 = 1 \tag{6-31}$$

因此 2 点高斯积分公式为

$$I = \int_{-1}^{1} f(\xi)\mathrm{d}\xi \approx f(-\frac{1}{\sqrt{3}}) + f(\frac{1}{\sqrt{3}}) \tag{6-32}$$

多点高斯积分公式的积分点和权系数可以在数学手册中查到。

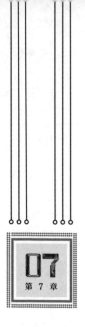

第 7 章

ZWSim 平台及仿真实例

7.1 ZWSim Structural 介绍

ZWSim Structural 是一款基于有限元算法的结构力学与传热分析软件，内置了直接矩阵求解算法和迭代矩阵求解算法。迭代计算方法包含完全牛顿—拉夫逊法和改进牛顿—拉夫逊法，具有易于收敛的优势。在动力学模块，开发了基于模态分析的模态叠加法、直接时间积分法。并且开发了基于后验误差的自适应网格技术，在保证仿真精度的同时可以提高仿真的效率。ZWSim Structural 作为通用的结构仿真软件，致力于为汽车、国防军工、航空航天、能源石化、电子电气及建筑桥梁等各个工业领域提供专业的仿真解决方案。与现有主流有限元计算软件 ANSYS 和 ABAQUS 相比，

ZWSim Structural 的替代度可以达到 80%（见表 7-1）。

表 7-1　ZWSim Structural 关键功能的性能指标替代程度对比表

序号	ZWSim Structural 关键功能名称	ZWSim Structural功能的性能指标	对标产品（模块）功能的性能指标	功能的性能对比情况
1	三维模型导入	支持 20 多种主流三维格式和中间格式文件导入，例如 stp 和 igs	Workbench（Mechanical 模块）指标：支持 20 多种主流三维格式和中间格式文件导入 ABAQUS 指标：支持 10 多种主流三维格式和中间格式文件导入	可实现 90% 以上的功能
2	三维实体建模	支持草图建模、移动、旋转、复制、缩放以及拉伸、扫掠、放样等多种建模操作	Workbench（Mechanical 模块）指标：支持基本建模操作以及布尔运算等 ABAQUS 指标：支持基本建模操作以及布尔运算等	可实现 100% 的功能
3	材料本构	各向同性线弹性、von Mises 塑性	Workbench（Mechanical 模块）指标：支持设置各向同性线弹性、多种超弹性材料、各向异性材料等多种本构关系 ABAQUS 指标：支持设置各向同性线弹性、多种超弹性材料、各向异性材料等多种本构关系	可实现 60% 以上的功能
4	材料库	拥有铝、合金、结构钢等多种常用结构材料	Workbench（Mechanical 模块）指标：拥有线弹性结构钢、铝合金、非线性不锈钢等多种结构材料 ABAQUS 指标：只有材料本构模型，无常用工程材料库	可实现 70% 以上的功能
5	边界约束	支持固定约束、滚轴约束、固定铰链等多种约束	Workbench（Mechanical 模块）指标：支持固定约束、简单约束、转动约束、强制约束及远端位移约束等多种形式 ABAQUS 指标：支持对称约束、反对称约束、约束所有平移自由度、约束所有自由度	可实现 100% 的功能

（续）

序号	ZWSim Structural 关键功能名称	ZWSim Structural功能的性能指标	对标产品（模块）功能的性能指标	功能的性能对比情况
6	边界载荷	支持力、压力、扭矩、温度、热功率、热流等多种载荷类型	Workbench（Mechanical 模块）指标：支持力、压力、远程载荷、轴承负载力矩载荷、线压力等多种类型 ABAQUS 指标：支持力、压力、力矩、静水压力等多种类型	可实现80%以上的功能
7	网格划分	拥有 1D、2D、3D 网格类型，支持三角形、四边形、四面体、六面体的一阶及高阶网格剖分，支持共节点的兼容网格，支持全局网格及局部网格加密功能	Workbench（Mechanical 模块）指标： 拥有 1D、2D、3D 网格类型，支持三角形、四边形、四面体、六面体的一阶及高阶网格剖分，支持共节点的兼容网格，支持全局网格及局部网格加密功能 ABAQUS 指标：拥有 1D、2D、3D 网格类型，支持三角形、四边形、四面体、六面体的一阶及高阶网格剖分，支持共节点的兼容网格，支持全局网格及局部网格加密功能	可实现80%以上的功能
8	网格质量检查	支持长宽比、扭克度、雅克比、最大角度及最小角度等网格质量检查功能	Workbench（Mechanical 模块）指标：支持单元质量、宽高比、雅克比平行偏差等网格质量检查功能 ABAQUS 指标：支持长宽比、扭曲度等网格质量检查功能	可实现90%以上的功能
9	求解算法	支持隐式动力学算法	Workbench（Mechanical 模块）指标：支持隐式和显示动力学算法 ABAQUS 指标：支持隐式和显示动力学算法	可实现70%以上的功能

（续）

序号	ZWSim Structural 关键功能名称	ZWSim Structural功能的性能指标	对标产品（模块）功能的性能指标	功能的性能对比情况
10	仿真结果显示	支持多种常见结构和热结果的显示，例如应力云图、位移云图、应变云图、温度云图，支持节点探测、安全系数等功能	Workbench（Mechanical 模块）指标：支持多种常见结构和热结果的显示，例如应力云图、位移云图、应变云图、温度云图，支持节点探测、安全系数等功能 ABAQUS 指标：支持多种常见结构和热结果的显示，例如应力云图、位移云图、应变云图、温度云图，支持节点探测、安全系数等功能	可实现80%以上的功能
11	国产系统适配	产品所基于的3D 几何引擎已经完成国产软硬件适配，求解器部分正在适配移植过程中。	Workbench（Mechanical 模块）指标：无法适配国产软硬件 ABAQUS 指标：无法适配国产软硬件	可完全替代且有优势

7.2　ZWSim Structural 仿真分析过程

ZWSim Structural 软件界面与功能界面如图 7-1 所示。与一般有限元计算软件相似，它的仿真流程也包括建模、材料设置、边界条件设置、网格剖分、有限元计算及结果后处理等步骤，各步骤具备以下特点。

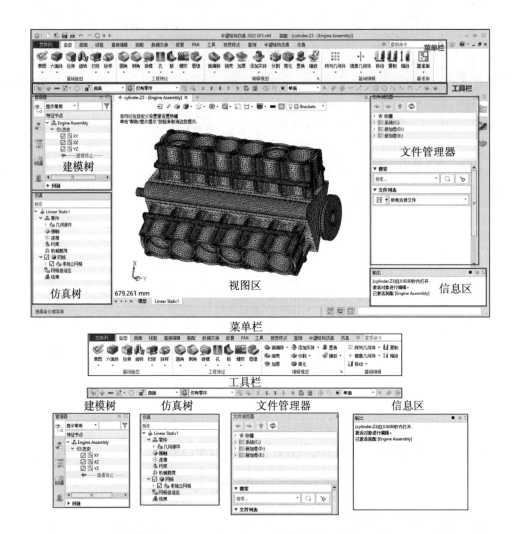

图 7-1   ZWSim Structural 软件界面与功能界面

1）强大的几何建模能力（如图 7-2 所示）。支持 20 多种格式的数据交换，具备参数化建模、模型修复和直接编辑的功能。

```
Sketch (*.Z3SKH)
Part Library (*.z3l; *.vxl)
Show-n-Tell (*.snt; *.vxs)
Macro (*.mac;*.vxm)
DWG File (*.dwg)
DXF File (*.dxf)
IGES File (*.igs;*.iges)
Image File (*.bmp;*.gif;*.jpg;*.jpeg;*.png;*.tif;*.tiff)
Neutral File (*.z3n;*.vxn)
Parasolid File (*.xmt_txt;*.xmt_bin;*.x_t;*.x_b)
PartSolutions File (*.ps2)
PS3 File (*.ps3)
STEP File (*.stp;*.step)
STL File (*.stl)
VDA File (*.vda)
VRML File (*.wrl)
ACIS File (*.sat;*.sab;*.asat;*.asab)
CATIA V4 File (*.model;*.exp;*.session)
CATIA V5 File (*.CATPart;*.CATProduct)
Inventor File (*.ipt;*.iam)
NX File (*.prt)
ProE File (*.prt;*.prt*;*.asm;*.asm*)
SolidEdge File (*.par;*.asm;*.psm)
SolidWorks File (*.sldprt; *.sldasm)
Graphic format File (*.cgr; *.xcgm; *.3dxml)
STEP242 Compress File (*.stpz)
JT File (*.jt)
CATIA V5 Drawing File (*.CATDrawing)
SolidWorks Drawing File (*.slddrw)
All Files (*.*)
```

a) 数据交换格式

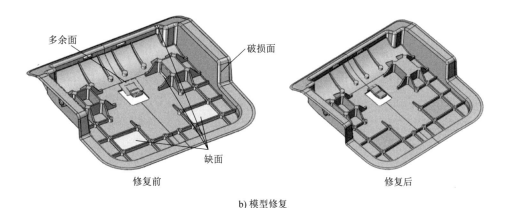

修复前　　　　　　　　　　　　　　　　　　　　修复后

b) 模型修复

图 7-2　几何建模

2）便捷的材料库（如图 7-3 所示）。支持材料属性的导入及自定义，支持线弹性各向同性材料及塑性 von Mises 材料。

图 7-3   材料库

3）灵活的边界条件定义（如图 7-4 所示）。支持结构载荷及热载荷的施加，支持随空间、时间变化的载荷设置。

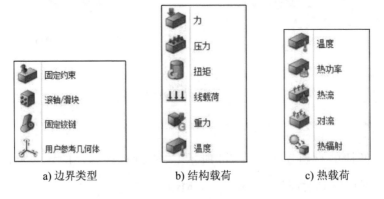

a) 边界类型   b) 结构载荷   c) 热载荷

图 7-4   边界条件

4）强大的网格剖分能力（如图 7-5 所示）。提供标准、高级网格划分方式，支持丰富的几何单元类型，支持千万级别的网格剖分和复杂模型的六面体网格剖分。

5）稳定的有限元求解器（如图 7-6 所示）。支持两种矩阵求解算法，支持两种非线性迭代算法。

6）丰富的结果呈现方式。支持多种结果类型（位移、应力、应变、速度、加速度、温度、热量）的不同呈现方式（云图、数据表、二维曲线图）。

a) 生成网格界面

b) 2D网格界面

图 7-5 网格剖分

c) 3D网格界面

图 7-5   网格剖分（续）

a) 矩阵求解算法

图 7-6   求解器

b) 非线性迭代算法

图 7-6　求解器（续）

7.3　ZWSim Structural 静力学仿真实例

本节通过安装支架进行静力学分析。

如图 7-7 所示，安装支架的一端通过两颗螺钉固定在基板上，另外一端与负载相连，受负载重力影响，支架将产生变形。安装支架材质为 45# 钢，其材料属性见表 7-2，为了评估该安装支架是否安全，需要获取图中圆角处的应力值。本例使用 ZWSim 对该模型进行有限元仿真分析，负载重力按 300N 计算。

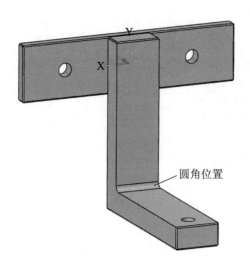

图 7-7　安装支架模型

表 7-2　45# 钢材料属性表

材料	弹性模量 / (N/m²)	泊松比	屈服强度 / (N/m²)
45#	2.09×10^{11}	0.269	3.55×10^{8}

操作步骤

步骤 1：打开模型。使用 ZWSim 打开练习模型"安装支架 .Z3ASM"。

步骤 2：简化模型。如图 7-8 所示，在【装配管理器】中选中零件 "（F）线性静力学模型 _ 零件 1"，单击右键并选择【打开零件 🗁】，出现窗口 "线性静力学模型 _ 零件 1.Z3PRT"，在【历史管理器】中选中特征 "倒角 1"，单击右键并选择【抑制】，完成后如图 7-9 所示。关闭窗口 "线性静力学模型 _ 零件 1.Z3PRT"，在弹出的确认保存窗口中选择【是（Y）】。同样地，打开模型 "线性静力学模型 _ 零件 2.Z3PRT"，在该零件的【历史管理器】中将 "倒角 2" 抑制，然后关闭保存 "线性静力学模型 _ 零件 2.Z3PRT"。注意到 "线性静力学模型 _ 安装支架"

变为红色，且括号中提示模型已过时，此时单击软件窗口左上角的【自动生成当前对象○】，在弹出窗口中选择【是（Y）】即可更新模型，如图 7-10 所示。

步骤 3：新建静力学分析任务。切换到【仿真】页面，选择【新建结构仿真任务】，在弹出的页面中选择【线性静力分析】，如图 7-11 所示。完成后，视图区底部出现仿真任务"线性静态 1"，顶部菜单栏出现【中望结构仿真】页面，另外软件左侧或者右侧出现【仿真】管理器。

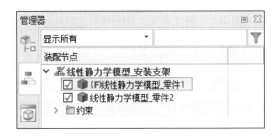

图 7-8　装配管理器界面

图 7-9　历史管理器界面

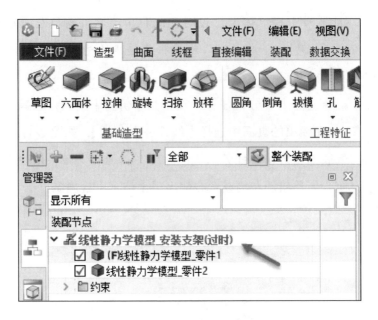

图 7-10　模型重新生成

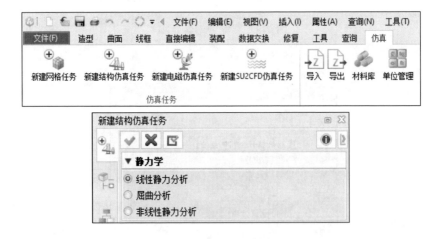

图 7-11　新建静力学分析任务

步骤 4：设置单位制。在【仿真】页面选择【单位管理】，在弹出的设置界面选择【MMKS（mm，kg，s，deg，C）】，单击【确认】，详见图 7-12。

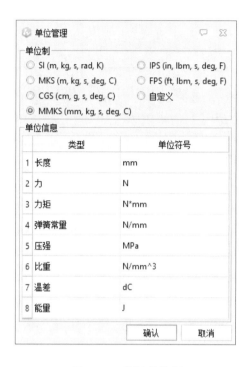

图 7-12　设置单位制

步骤 5：赋予材料属性。同步骤 3，在【仿真】页面选择【材料库】，选中【用户】，单击右键并选择【新建材料】，按照图 7-13 输入材料名称与材料属性，双击【确认】关闭窗口。然后，在【仿真】管理器下选中【几何部件】，单击右键并选择【编辑材料】，在弹出的材料库窗口中找到刚才定义的"45#"，单击【确认】，设置完毕的情形见图 7-14。

步骤 6：施加固定约束。根据仿真工况，对安装支架的两个螺纹孔设置固定约束。在【仿真】管理器下选中【约束】，单击右键并选择【固定约束】。按照图 7-15 所示选择两个圆柱面，勾选绿色√，完成固定约束设置。

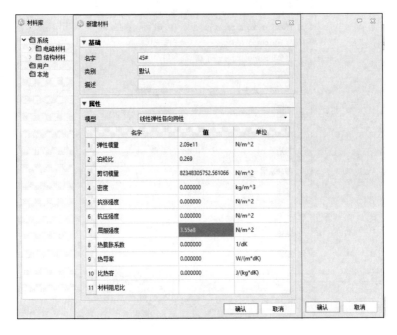

图 7-13   新建材料 45#

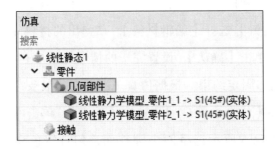

图 7-14   赋予材料属性

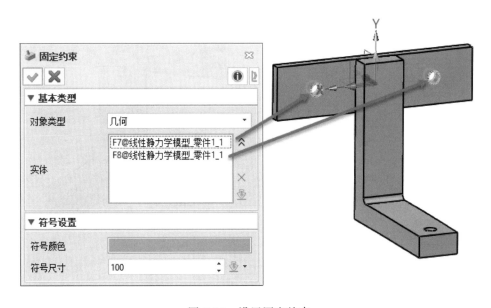

图 7-15　设置固定约束

步骤 7：施加载荷。根据仿真工况，在安装支架末端螺纹孔施加 -Y 方向 300N 力。在【仿真】管理器下选中【机械载荷】，单击右键并选择【力】。按照图 7-16 所示选择圆柱面，设置大小为 300N，方向选择 -Y 轴，单击绿色√完成力设置。完成后模型显示如图 7-17 所示。

步骤 8：生成网格。在【仿真】管理器中选中【网格】，单击右键并选择【生成网格】，在弹出的窗口中选择【高级🎲】，保留默认设置，在选项中勾选【兼容网格】、【二阶】等，如图 7-18 所示。生成的网格如图 7-19 所示。兼容网格的作用是在两个零件接触区域生成共节点的网格，建立零件之间的连接关系。

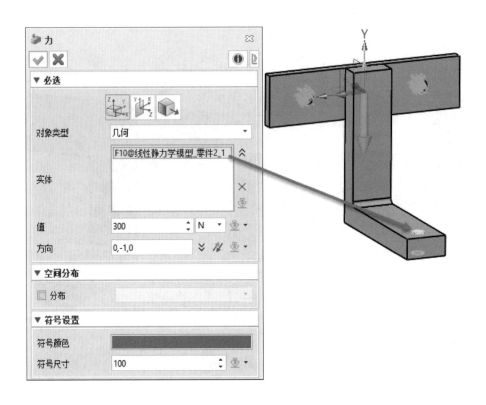

图 7-16　设置载荷

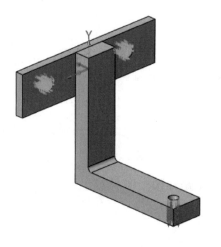

图 7-17　设置完成后的模型

图 7-18　生成网格参数

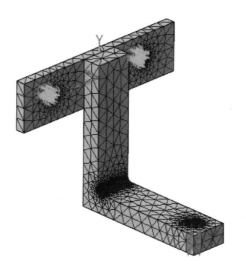

图 7-19　模型有限元网格

步骤 9：检查网格质量。如图 7-20 所示，在【中望结构仿真】页面下选择【网格质量】，在弹出窗口中选择【3D】，单元质量选择【长宽比】，绘图选择【直方图】，网格质量检查结果如图 7-21 所示。长宽比一般要求不超过 5，接近 1 是最好的。

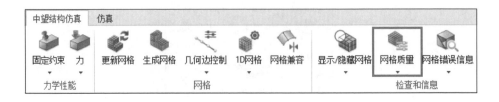

图 7-20　网格质量入口示意图

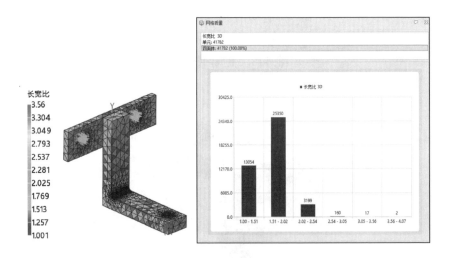

图 7-21　网格质量检查结果

步骤 10：检查以及运行计算。在【中望结构仿真】页面右侧选择【检查】，单击【开始】，软件会自动判断运行仿真所需的条件是否满足，检查完成后如图 7-22 所示。关闭该界面，在运行计算前单击【保存】，然后再单击【检查】右侧的【运行计算】进行求解。

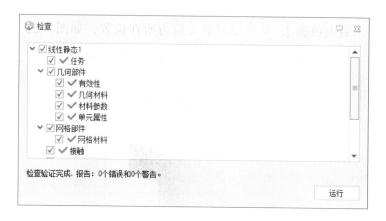

图 7-22　检查结果

步骤 11：图示合位移结果。求解完成后，软件默认给出模型的合位移云图，如图 7-23 所示。可见模型最大位移 0.2277mm，处于力加载的区域，符合期望。选中【Total Displacements】并单击右键，可以对结果进行探测、动画、隐藏边等操作。

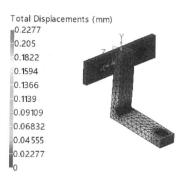

图 7-23　模型的合位移结果

步骤 12：图示应力结果。在【结果】下选中【Avg.vonMises Stress】,

单击右键并选择【显示结果】，即可得到模型的应力云图，如图 7-24 所示。单击右键并选择【探测结果】，弹出窗口中探针类型选择【最大或最小】，勾选【选择最大数据】，获得模型最大应力所在位置，如图 7-25 所示。此例中最大应力位置出现在约束处，很有可能出现应力奇异。

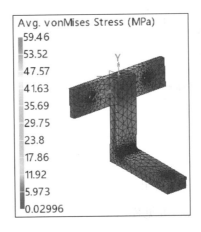

图 7-24　模型应力云图

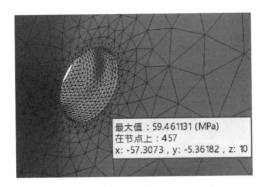

图 7-25　模型最大应力区域

本例中重点关注的应力区域为圆角处，为了显示该区域的应力分布，首先隐藏应力结果云图，然后选中【结果】，单击右键并选择【新建结

果】，在弹出窗口中，显示下的类型选择【nodal stress result】，如图 7-26
所示。子结果选择【Avg.vonMises Stress】，选项下的类型选择【几何】，
实体选择圆角面。为了方便选取，可在软件右上区域的过滤器中选择【曲
面】，如图 7-27 所示。完成后的局部应力云图如图 7-28 所示，可见应力过
渡平滑，认为此处应力是合理的，为了验证这个结论，可进行网格收敛性
验证。

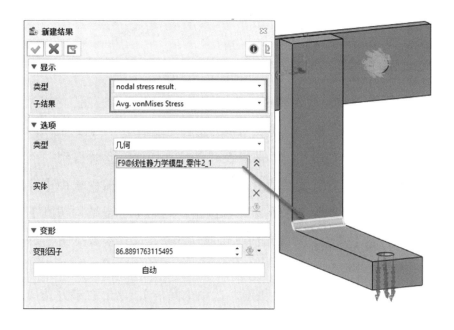

图 7-26　圆角区域应力设置过程

图 7-27　曲面选择设置示意图

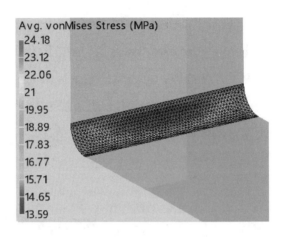

图 7-28　圆角区域应力云图

步骤 13：网格收敛性验证。隐藏圆角处局部应力云图，在【仿真】管理器选中"线性静态 1"，单击右键并选择【复制】，注意到视图区下方出现"线性静态 1-Copy"，单击切换到该仿真任务，此时得到一个与原仿真任务设置一模一样的仿真任务。在【仿真】管理器中选中【网格】，单击右键并选择【删除】来删除原有网格，利用【中望结构仿真】页面下的【2D 网格】功能，对圆角面单独划分网格，设置参数见图 7-29，加密后的网格见图 7-30。之后，利用步骤 8 中【生成网格】的参数生成实体网格，此时原 2D 网格需要更新，选中【网格】，单击右键并选择【更新网格】即可。

步骤 14：结果对比。计算完成后，参考之前的操作步骤，获取模型的合位移云图、最大应力云图、圆角处局部应力云图，分别如图 7-31 ～ 7-33 所示。可见最关心的圆角区域局部应力基本没变，认为通过网格收敛性验证。

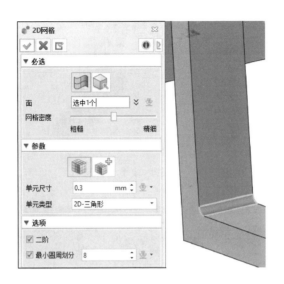

图 7-29　2D 网格设置参数

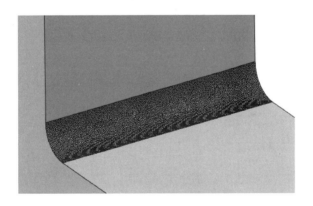

图 7-30　局部细化网格

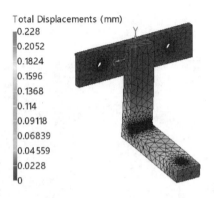

图 7-31   加密后模型合位移云图

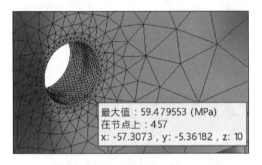

图 7-32   加密后模型最大应力云图

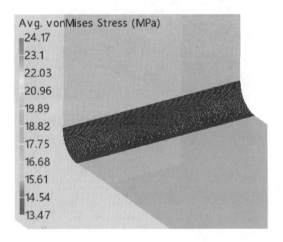

图 7-33   加密后模型圆角处局部应力云图

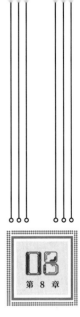

第 8 章

热传导问题

8.1　热传导问题基本方程

结构中不同位置的温度差会导致热量的传递，温度的变化会引起构件的应力应变发生变化，热应力严重的时候会引起结构的失效与破坏，因此需要研究温度场的变化并求解结构中的热应力。根据傅里叶热传导定律和能量守恒方程，结构内的瞬态温度场 $T(x, y, z, t)$ 应满足如下控制方程：

$$\rho c \frac{\partial T}{\partial t} = \frac{\partial}{\partial x}\left(\lambda_x \frac{\partial T}{\partial x}\right) + \frac{\partial}{\partial y}\left(\lambda_y \frac{\partial T}{\partial y}\right) + \frac{\partial}{\partial z}\left(\lambda_z \frac{\partial T}{\partial z}\right) + \rho q \qquad (8\text{-}1)$$

式中 ρ 为材料密度（$\mathrm{kg/m^3}$），c 为材料比热容 $\left[\mathrm{J/(kg\cdot K)}\right]$，$\lambda_x$、$\lambda_y$、$\lambda_z$ 为材料沿 x、y、z 三个方向的导热系数 $\left[\mathrm{W/(m\cdot K)}\right]$，$q$ 为结构内部的热源密度 $\left[\mathrm{W/(m^3\cdot t)}\right]$。

式（8-1）的左端表示单位时间温度变化需要的热量。右端包括两个部分：前三项为单位时间内传入的热量，最后一项为内部热源产生的热量。控制方程说明温度变化所需的热量与结构本身的热量变化相等。

热传导问题的边界条件有以下三类。

1）温度边界条件。又称第一类边界条件，给定了边界上的温度值，即

$$T_\Gamma = T_0(t) \tag{8-2}$$

式中 T_Γ 为边界温度，$T_0(t)$ 为已知的温度函数。

2）热流边界条件。又称第二类边界条件，给定了边界上的热流密度，即

$$\lambda \left(\frac{\partial T}{\partial n}\right)_\Gamma = q_0 \tag{8-3}$$

式中 n 为边界的外法线方向，q_0 为边界上已知的热流密度。

3）换热边界条件。又称第三类边界条件，给定了边界上的对流换热，即

$$\lambda \left(\frac{\partial T}{\partial n}\right)_\Gamma + \alpha(T - T_m) = 0 \tag{8-4}$$

式中 α 为换热系数，T_m 为环境温度。

上述三类边界条件可以统一写成

$$\lambda\left(\frac{\partial T}{\partial n}\right)_{\Gamma} + \alpha(T - T_m) - q_0 = 0 \qquad （8\text{-}5）$$

8.2　有限元分析过程

下面将以平面结构的稳态热传导问题为例，说明热传导问题的有限元分析过程。首先，根据上一节列出的控制方程及边界条件，要解决的微分方程边值问题如下：

$$\begin{aligned}
&\frac{\partial^2 T}{\partial x^2} + \frac{\partial^2 T}{\partial y^2} = 0 \\
&\lambda\left(\frac{\partial T}{\partial n}\right)_{\Gamma} + \alpha(T - T_m) - q_0 = 0
\end{aligned} \qquad （8\text{-}6）$$

该问题的泛函为

$$\Pi(T) = \iint\limits_{\Omega} \frac{\lambda}{2}\left[\left(\frac{\partial T}{\partial x}\right)^2 + \left(\frac{\partial T}{\partial y}\right)^2\right] \mathrm{d}A + \int_{\Gamma}\left(\frac{1}{2}\alpha T^2 - \alpha T_m T - q_0 T\right)\mathrm{d}s \qquad （8\text{-}7）$$

式中 Ω 为平面求解区域，Γ 为曲线边界。

根据变分原理，式（8-6）的解等价于泛函极值的解，即建立热分析有限元方程的理论依据：

$$\delta \Pi = 0 \tag{8-8}$$

有限元热分析过程中的结构离散与静力分析过程中的结构离散相同，对于平面问题也可以划分为三节点三角形单元，由于温度是标量，所以每个节点只有一个自由度，因此节点温度列矩阵为

$$\boldsymbol{T}^e = \begin{pmatrix} T_i & T_j & T_m \end{pmatrix}^{\mathrm{T}} \tag{8-9}$$

温度函数采用与位移函数相同的形式，即

$$T(x, y) = \alpha_1 + \alpha_2 x + \alpha_3 y \tag{8-10}$$

将节点坐标及温度值代入式（8-10），求出待定系数并代回，得到

$$T(x, y) = N_i T_i + N_j T_j + N_m T_m = \boldsymbol{N}^{\mathrm{T}} \boldsymbol{T}^e \tag{8-11}$$

式中温度函数的形函数矩阵 $\boldsymbol{N} = \begin{pmatrix} N_i & N_j & N_m \end{pmatrix}$ 与位移函数的形函数矩阵相同。

根据式（8-7）可以推得三角形单元的泛函为

$$\Pi^e = \iint_{\Omega^e} \frac{\lambda}{2} \left[\left(\frac{\partial T}{\partial x} \right)^2 + \left(\frac{\partial T}{\partial y} \right)^2 \right] \mathrm{d}A + \int_{\Gamma^e} \left(\frac{1}{2} \alpha T^2 - \alpha T_m T - q_0 T \right) \mathrm{d}s \tag{8-12}$$

式中 Ω^e 为单元 e 所占区域，Γ^e 为单元所占边界。

将单元泛函表示为以下两个部分

$$\varPi_1^e = \iint\limits_{\varOmega^e} \frac{\lambda}{2}\left[\left(\frac{\partial T}{\partial x}\right)^2 + \left(\frac{\partial T}{\partial y}\right)^2\right]\mathrm{d}A \qquad (8\text{-}13)$$

$$\varPi_2^e = \int_{\varGamma^e}\left(\frac{1}{2}\alpha T^2 - \alpha T_m T - q_0 T\right)\mathrm{d}s \qquad (8\text{-}14)$$

将温度函数（8-11）代入式（8-13），可以得到

$$\varPi_1^e = \frac{1}{2}\left(\boldsymbol{T}^e\right)^{\mathrm{T}}\left(\boldsymbol{K}_T\right)_1^e\boldsymbol{T}^e \qquad (8\text{-}15)$$

其中

$$\left(\boldsymbol{K}_T\right)_1^e = \frac{\lambda}{4A}\begin{pmatrix} b_i^2 + c_i^2 & b_i b_j + c_i c_j & b_i b_m + c_i c_m \\ b_j b_i + c_j c_i & b_j^2 + c_j^2 & b_j b_m + c_j c_m \\ b_m b_i + c_m c_i & b_m b_j + c_m c_j & b_m^2 + c_m^2 \end{pmatrix} \qquad (8\text{-}16)$$

只有边界上的单元才包含泛函的第二部分 $\varPi_2^e$，假设单元的 ij 边位于边界，即积分区域为直线 ij，将温度函数式（8-11）代入泛函的第二部分式（8-14），得到

$$\varPi_1^e = \frac{1}{2}\left(\boldsymbol{T}^e\right)^{\mathrm{T}}\left(\boldsymbol{K}_T\right)_2^e\boldsymbol{T}^e - \left(\boldsymbol{T}^e\right)^{\mathrm{T}}\boldsymbol{P}_T^e \qquad (8\text{-}17)$$

式中

$$\left(\boldsymbol{K}_T\right)_2^e = \int_{\overline{ij}} \alpha \boldsymbol{N}\boldsymbol{N}^{\mathrm{T}}\mathrm{d}s \tag{8-18}$$

$$\boldsymbol{P}_T^{\,e} = \int_{\overline{ij}} \boldsymbol{N}(\alpha T_m + q_0)\mathrm{d}s \tag{8-19}$$

单元的总泛函为

$$\varPi^e = \varPi_1^e + \varPi_2^e = \frac{1}{2}\left(\boldsymbol{T}^e\right)^{\mathrm{T}}\left(\left(\boldsymbol{K}_T\right)_1^e + \left(\boldsymbol{K}_T\right)_2^e\right)\boldsymbol{T}^e - \left(\boldsymbol{T}^e\right)^{\mathrm{T}}\boldsymbol{P}_T^{\,e} \tag{8-20}$$

根据泛函的极值条件

$$\frac{\partial \varPi^e}{\partial \boldsymbol{T}^e} = 0 \tag{8-21}$$

得到热传导问题的刚度方程

$$\boldsymbol{K}_T^{\,e}\boldsymbol{T}^e = \boldsymbol{P}_T^{\,e} \tag{8-22}$$

$\boldsymbol{K}_T^{\,e}$ 称为单元的温度刚度矩阵。

　　将各个单元的温度刚度矩阵进行组装，得到总温度刚度矩阵，集成过程与静力分析总刚矩阵的集成过程相同。进而可以列出整个结构的温度方程，该方程式是以节点温度为变量的线性方程组，求解方程组得到各个节点的温度值，由温度插值函数就可以得到整个结构的温度分布。

　　结构温度变化时会发生相应的热变形，结构受热不均或有外界约束时，热变形会受到限制，进而产生热应力，可以将产生热应力的温度变化视为温度载荷。

$$R_T^e = \iint \boldsymbol{B}^{\mathrm{T}} \boldsymbol{D} \alpha_T \Delta T \mathrm{d}x \mathrm{d}y \qquad (8-23)$$

式中 α_T 为材料的线膨胀系数。

　　将所有单元的温度载荷叠加在一起，就可以得到整个结构的温度载荷列矩阵 $\boldsymbol{R}_T$。将温度变化转化为载荷后，后续就可以按照静力分析过程求解结构的热变形及相应的热应力。

8.3　ZWSim 仿真分析实例

8.3.1　实例一：功率器件散热器的稳态传热分析

　　在半导体行业，功率器件发热会导致性能严重下降，甚至发生损坏。因此，在设计时必须考虑功率器件的散热问题。图 8-1 所示为一个功率器件以及为之设计的散热器模型，该功率器件的额定功率为 5W，设计师需要评估加装散热器后功率器件工作稳定后的温度分布，以确保设计方案合理。功率器件的材质为硅，热导率为 124W/（m·K），散热器材质为铜，热导率为 390W/（m·K），空气对流系数为 5W/（m²·K），环境温度为 25℃。

　　操作步骤

　　步骤 1：打开模型。使用 ZWSim 打开练习模型"功率器件散热器 .Z3ASM"。

　　步骤 2：新建稳态传热分析任务。切换到【仿真】页面，选择【新建结构仿真任务】，在弹出的页面中选择【稳态传热分析】，如图 8-2 所示。完成后，视图区底部出现仿真任务"稳态传热 1"，顶部菜单栏出现【中望结构仿真】页面，另外软件左侧或者右侧出现【仿真】管理器。

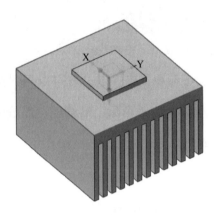

图 8-1   功率器件和散热器

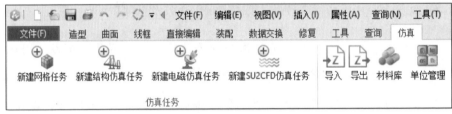

图 8-2   新建稳态传热分析任务

步骤 3：设置单位制。在【仿真】页面选择【单位管理】，在弹出的设置界面选择【MKS（m，kg，s，deg，C）】，单击【确认】，详见图 8-3。

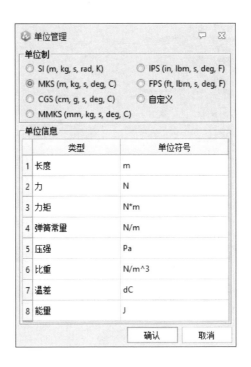

图 8-3　设置单位制

步骤 4：赋予材料属性。切换到【中望结构仿真】页面，在左侧单击【材料库】，弹出材料库窗口，选中【用户】，单击右键并选择【新建材料】，按照图 8-4 输入材料名称"硅"、定义热导率"124 W/（m*dK）"，单击【确认】。然后，重复上述动作来定义材料"铜"，单击【确认】关闭材料库窗口。然后，在【仿真】管理器下展开【几何部件】，选中"散热器_1->S1（实体）"，单击右键并选择【编辑材料】，在弹出的材料库窗口中选中刚才定义的"铜"，单击【确认】，重复上述动作来将"功率器件_1->S1（实体）"材质定义为"硅"。设置完毕的情形见图 8-5。

图 8-4　新建材料

图 8-5　赋予材料属性

步骤 5：设置热功率。在【仿真】管理器中选中【热负载】，单击右键并选择【热功率】，按照图 8-6 所示设置功率器件热功率为 5W，单击绿色√完成设置。

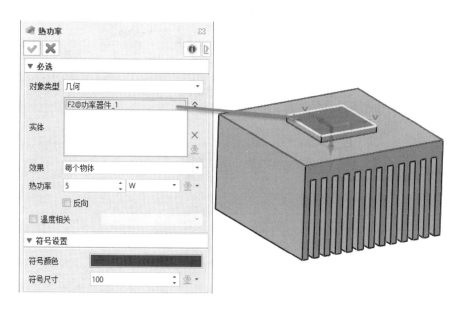

图 8-6 设置热功率

步骤 6：设置对流。在【仿真】管理器中选中【热负载】，单击右键并选择【对流】，弹出对流设置窗口。为了方便选取，在软件左上角区域将【选择过滤器】更改为【曲面】，如图 8-7 所示。然后，单击视图区顶部【隐藏】按钮，选择"功率器件 _1"，将其隐藏，如图 8-8 所示。之后，单击对流窗口的实体选择框，框选整个散热器模型，可见选中 55 个曲面。按住 Ctrl 键，单击功率器件与散热器的相触面，将该面从选择集中移出。接下来，通过【显示全部】按钮显示整个模型，在选择集中增加"功率器件 _1"四周 4 个面，最终一共选择 58 个面。然后设置对流系数"5W/（m^2*dK）"，环境温度 25℃，详见图 8-9。单击绿色√完成设置。通过单击"热对流 1"前面的方框可隐藏对流符号，方便观察。

图 8-7　设置过滤器

图 8-8　设置隐藏

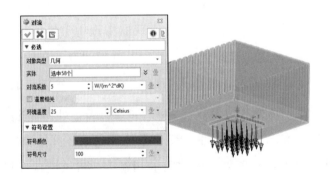

图 8-9　设置对流

步骤 7：生成网格。在【仿真】管理器中选中【网格】，单击右键并选择【生成网格】，设置单元尺寸为 0.002m，勾选【兼容网格】、【二阶】等，如图 8-10 所示。单击绿色√完成网格划分。

图 8-10　网格划分参数

　　步骤 8：检查以及运行计算。在【中望结构仿真】页面右侧选择【检查】，单击【开始】，软件会自动判断运行仿真所需的条件是否满足，检查完成后如图 8-11 所示。关闭该窗口，单击【保存】，再次选择【运行计算】进行求解。

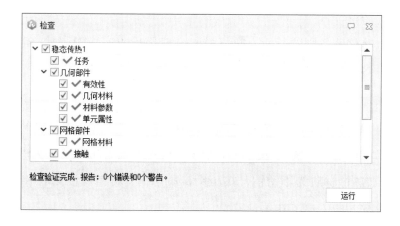

图 8-11　检查结果

步骤 9：显示温度云图。求解完成后，软件默认显示模型的温度云图，如图 8-12 所示。可见加装散热器后，功率器件的最高温度为 50.84℃，小于设计要求 80℃，故该散热器设计合理。

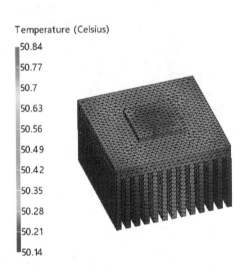

图 8-12   模型温度云图

8.3.2   实例二：热压板的瞬态传热分析

在自动化设备制造行业，热压模组一般用于快速熔融、粘接物料。为了提高设备的生产效率，需要在规定时间内达到所需的工作温度，因此加热棒的功率以及布置方式将成为困扰设计人员的一大问题。图 8-13 所示为某热压模组，热压头末端进行热压工作，内部布置有一根 200W 的加热棒，根据设计要求，需要加热棒在 15min 内将末端表面温度从 25℃加热到 200℃。加热棒材质为不锈钢，热压头材质为铜，材料属性见表 8-1。空气对流系数按 5W/（$m^2 \cdot dK$）计算。

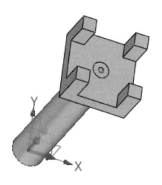

图 8-13　热压模组模型

表 8-1　材料属性表

材料	密度 / (kg/m³)	热导率 /[W/ (m·K)]	比热容 /[J/ (kg·K)]
铜	8900	390	390
不锈钢	7800	18	460

操作步骤

步骤 1：打开模型。使用 ZWSim 打开练习模型"热压模组 .Z3ASM"。

步骤 2：新建瞬态传热分析任务。切换到【仿真】页面，选择【新建结构仿真任务】，在弹出的页面中选择【瞬态传热分析】，如图 8-14 所示。完成后，视图区底部出现仿真任务"瞬态传热 1"，顶部菜单栏出现【中望结构仿真】页面，另外软件左侧或者右侧出现【仿真】管理器。

步骤 3：设置单位制。在【仿真】页面选择【单位管理】，在弹出的设置界面选择【MKS（m，kg，s，deg，C）】，单击【确认】，详见图 8-15。

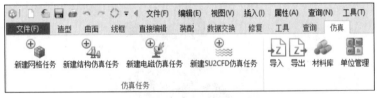

图 8-14　新建瞬态传热分析任务

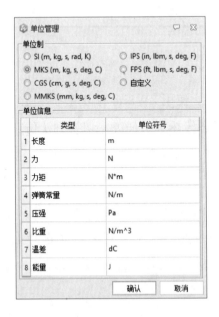

图 8-15　设置单位制

步骤 4：设置任务选项。切换到【中望结构仿真】页面，单击基本配置中的【任务选项】，弹出瞬态热分析选项窗口，在【一般设定】页面，设置结束时间为 900s，时间增量为 30s，其余保持不变，如图 8-16 所示。切换到【初始条件】页面，初始温度中输入 298.15K，其余保持不变，单击【确认】关闭窗口。

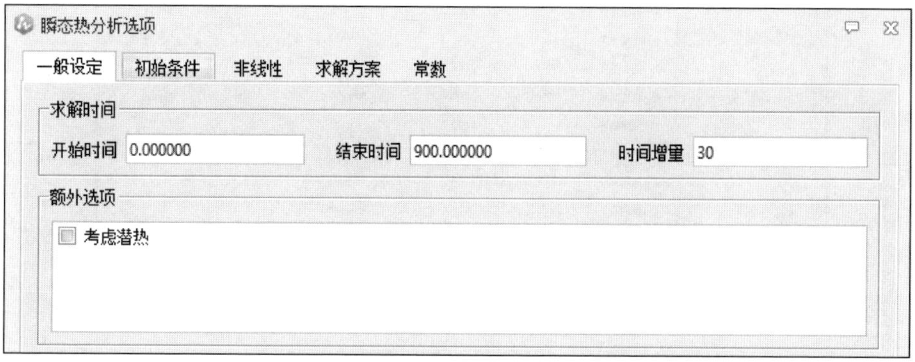

图 8-16　设置分析选项

步骤 5：赋予材料属性。切换到【中望结构仿真】页面，在左侧单击【材料库】，弹出材料库窗口，选中【用户】，单击右键并选择【新建材料】，按照图 8-17 输入材料名称"不锈钢"、定义密度"7800kg/m^3"、热导率"18W/（m*dK）"、比热容"460J/（kg*dK）"，单击【确认】。然后，重复上述动作来定义材料"铜"，单击【确认】关闭材料库窗口。然后，在【仿真】管理器下展开【几何部件】，选中"热压头 _1->S2（实体）"，单击右键并选择【编辑材料】，在弹出的材料库窗口中选中刚才定义的"铜"，单击【确认】，重复上述动作来将"加热棒 _1->S1（实体）"材质定义为"不锈钢"。设置完毕的情形见图 8-18。

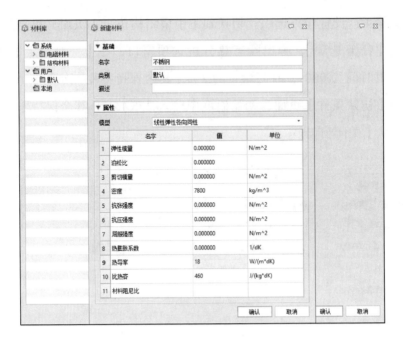

图 8-17   材质库属性

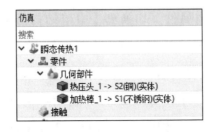

图 8-18   设置完毕

步骤 6：设置热功率。在【仿真】管理器中选中【热负载】，单击右键并选择【热功率】，选择不锈钢内圆柱面，设置热功率 200W，如图 8-19 所示。单击绿色√完成设置。

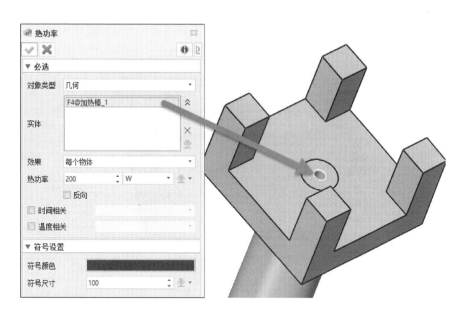

图 8-19　设置热功率

步骤 7：设置对流。在【仿真】管理器中选中【热负载】，单击右键并选择【对流】，弹出对流设置窗口。为了方便选取，在软件左上角区域将【选择过滤器 ▪️】更改为【曲面】，如图 8-20 所示。然后，单击视图区顶部【视图 ⚙️▾】按钮，切换到【左视图】。通过框选热压头圆柱以上部分选中 19 个面，然后旋转模型，再单击选择热压头圆柱部分未完成选择的 3 个面，共选中 22 个面。设置对流系数"5W/（m^2*dC）"，环境温度 25℃，如图 8-21 所示，单击绿色√完成设置。

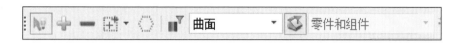

图 8-20　更改过滤器选项

图 8-21　设置对流

步骤 8：生成网格。在【仿真】管理器中选中【网格】，单击右键并选择【生成网格】，设置单元尺寸为 0.002m，勾选【兼容网格】、【二阶】等，如图 8-22 所示。单击绿色√完成网格划分。

图 8-22　生成网格参数

步骤 9：检查以及运行计算。在【中望结构仿真】页面右侧选择【检查】，单击【开始】，软件会自动判断运行仿真所需的条件是否满足，检查完成后如图 8-23 所示。然后关闭该界面，单击【保存】，再单击【运行计算】进行求解。

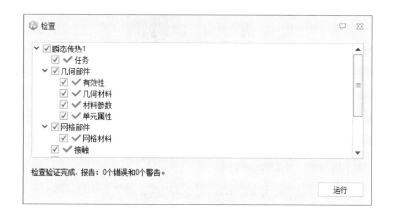

图 8-23　检查结果

步骤 10：显示温度云图。求解完成后，软件默认显示模型"时间：30s"的温度云图。这里在【结果】下选中"增量步：30，时间：900s"下的【Temperature】，单击右键并选择【显示结果】，此时显示"时间：900s"的温度云图，如图 8-24 所示。选中【结果】，单击右键并选择【新建结果】，在弹出窗口中，显示页面下的类型选择【Temperature】，子结果选择【Temperature】，时间步 / 频率 / 特征值选择 900，选项页面下的类型选择【几何】，实体选择热压头底部两个面，为方便选取，可切换【选择过滤器 ⚑ 】为曲面，如图 8-25 所示。单击绿色√，获得热压头底面的温度分布图（如图 8-26 所示），可见温度区间为 552.7 ～ 552.8℃，满足设计要求。

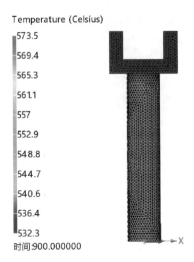

图 8-24   "时间：900s"的温度云图

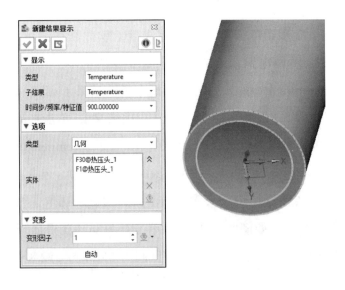

图 8-25   设置新建结果显示

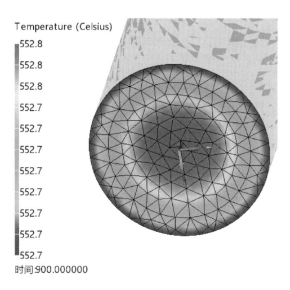

图 8-26　热压头底部的温度分布图

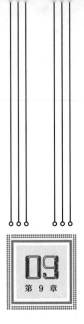

09

第 9 章

动力学问题

9.1 动力学问题基本方程

工程中会遇到两种类型的动力学问题。第一类问题研究在运动状态下工作的结构，它们承受本身惯性及与周围介质相互作用的动力荷载。第二类问题研究承受地震、波浪、强风等动力载荷的作用。对这些结构进行的动力分析包括结构模态分析和响应分析，其中结构模态分析（固有频率和振型）是所有动力分析的基础。

动力分析与静力分析的最大区别就是动力分析的所有变量随时间变化，因此三大类变量为时间 t 的函数 $u_i(t)$、$\varepsilon_{ij}(t)$、$\sigma_{ij}(t)$。动力学问题的平衡方程要考虑惯性力和阻尼力，根据达朗贝尔原理将惯性力和阻尼力等效到静

力平衡方程中得到

$$\sigma_{ij,j}(t) + b_i(t) - \rho\ddot{u}_i(t) - \nu\dot{u}_i(t) = 0 \tag{9-1}$$

式中 ν 为阻尼系数，$b_i(t)$ 为体积力，$\ddot{u}_i(t)$ 和 $\dot{u}_i(t)$ 分别为位移对时间的二次导数和一次导数，即加速度和速度。

平衡方程及力边界条件的等效积分形式为

$$\delta\Pi = \int_{\Omega} -\left(\sigma_{ij,j} + b_i - \rho\ddot{u}_i - \nu\dot{u}_i\right)\delta u_i \mathrm{d}\Omega + \int_{S_p}(\sigma_{ij}n_j - \bar{p}_i)\delta u_i \mathrm{d}A = 0 \tag{9-2}$$

对第一项进行分部积分，整理后得到动力学问题的虚位移方程

$$\int_{\Omega}\left(D_{ijkl}\varepsilon_{ij}\delta\varepsilon_{kl} + \rho\ddot{u}_i\delta u_i + \nu\dot{u}_i\delta u_i\right)\mathrm{d}\Omega - \left(\int_{\Omega}b_i\delta u_i\mathrm{d}\Omega + \int_{S_p}\bar{p}_i\delta u_i\mathrm{d}A\right) = 0 \tag{9-3}$$

9.2　有限元分析过程

动力分析有限元法仍以节点位移作为基本变量，此时的节点位移 δ_t^e 是坐标 $\xi(x,y,z)$ 和时间 t 的函数。采用与静力分析相同的形函数进行插值，单元内的应变、应力、速度、加速度与节点位移有以下关系：

$$\boldsymbol{\varepsilon} = \boldsymbol{B}\delta_t^e \tag{9-4}$$

$$\boldsymbol{\sigma} = \boldsymbol{DB}\delta_t^e \tag{9-5}$$

$$\dot{\boldsymbol{u}} = \boldsymbol{N}\dot{\boldsymbol{\delta}}_t^e \tag{9-6}$$

$$\ddot{\boldsymbol{u}} = \boldsymbol{N}\ddot{\boldsymbol{\delta}}_t^e \tag{9-7}$$

代入虚位移方程（9-3），整理后得到单元的平衡方程为

$$\boldsymbol{M}^e\ddot{\boldsymbol{\delta}}_t^e + \boldsymbol{C}^e\dot{\boldsymbol{\delta}}_t^e + \boldsymbol{K}^e\boldsymbol{\delta}_t^e = \boldsymbol{P}_t^e \tag{9-8}$$

式中 $\boldsymbol{M}^e$ 为单元的质量矩阵：

$$\boldsymbol{M}^e = \int_\Omega \rho \boldsymbol{N}^T \boldsymbol{N} \mathrm{d}\Omega \tag{9-9}$$

$\boldsymbol{C}^e$ 为单元的阻尼矩阵：

$$\boldsymbol{C}^e = \int_\Omega \nu \boldsymbol{N}^T \boldsymbol{N} \mathrm{d}\Omega \tag{9-10}$$

$\boldsymbol{K}^e$ 为单元的刚度矩阵：

$$\boldsymbol{K}^e = \int_\Omega \boldsymbol{B}^T \boldsymbol{D} \boldsymbol{B} \mathrm{d}\Omega \tag{9-11}$$

$\boldsymbol{P}_t^e$ 为节点动载荷列矩阵

$$\boldsymbol{P}_t^e = \int_\Omega \boldsymbol{N}^T b \mathrm{d}\Omega + \int_{S_p} \boldsymbol{N}^T \bar{p} \mathrm{d}A \tag{9-12}$$

动力分析的单元质量矩阵通常采用以下两种形式。

1）一致质量矩阵。式（9-9）中采用与刚度矩阵一致的形函数进行计算就得到一致质量矩阵，因此质量矩阵取决于单元的类型和形函数的形式。三节点三角形单元的一致质量矩阵为

$$\boldsymbol{M}^e = \frac{\rho t A}{12} \begin{pmatrix} 2 & 0 & 1 & 0 & 1 & 0 \\ 0 & 2 & 0 & 1 & 0 & 1 \\ 1 & 0 & 2 & 0 & 1 & 0 \\ 0 & 1 & 0 & 2 & 0 & 1 \\ 1 & 0 & 1 & 0 & 2 & 0 \\ 0 & 1 & 0 & 1 & 0 & 2 \end{pmatrix} \tag{9-13}$$

2）集中质量矩阵。集中质量矩阵将单元的质量等效分配在各个节点上，等效原则要求不改变单元的质量中心，集中质量矩阵为对角矩阵。三节点三角形单元的集中质量矩阵为

$$\boldsymbol{M}^e = \frac{\rho t A}{3} \begin{pmatrix} 1 & 0 & 0 & 0 & 0 & 0 \\ 0 & 1 & 0 & 0 & 0 & 0 \\ 0 & 0 & 1 & 0 & 0 & 0 \\ 0 & 0 & 0 & 1 & 0 & 0 \\ 0 & 0 & 0 & 0 & 1 & 0 \\ 0 & 0 & 0 & 0 & 0 & 1 \end{pmatrix} \tag{9-14}$$

将单元刚度矩阵进行装配，形成整个结构的平衡方程，即

$$\boldsymbol{M}\ddot{\boldsymbol{\delta}}_t + \boldsymbol{C}\dot{\boldsymbol{\delta}}_t + \boldsymbol{K}\boldsymbol{\delta}_t = \boldsymbol{P}_t \tag{9-15}$$

式中总刚矩阵 $\boldsymbol{K}$ 与静力分析中的总刚矩阵完全相同，质量矩阵 $\boldsymbol{M}$ 与阻尼

矩阵 C 也采用相同的集成方式。

前面已经提到动力分析包括结构模态分析和响应分析，其中结构模态分析（固有频率和振型）是所有动力分析的基础。由于固有特性由结构本身决定，与外载无关，且与阻尼关系不大，因此可以通过无阻尼自由振动方程计算固有特性。由式（9-15）可得无阻尼自由振动方程为

$$M\ddot{\delta}_t + K\delta_t = 0 \qquad (9\text{-}16)$$

该方程的解为

$$\delta_t = \Phi e^{i\omega t} \qquad (9\text{-}17)$$

式中 ω 为自然圆频率，Φ 为节点振幅列向量。

将式（9-17）代入式（9-16），整理可得

$$\left(K - \omega^2 M\right)\Phi = 0 \qquad (9\text{-}18)$$

由线性代数可知，该问题可以求出 n 个特征值 $\omega_1^2, \omega_2^2, \cdots, \omega_n^2$ 和 n 个对应的特征向量 $\Phi_1, \Phi_2, \cdots, \Phi_n$。其中特征值的平方根就是结构的 i 阶固有频率，特征向量 Φ_i 就是结构的 i 阶模态振型。振型是各自由度方向振幅间的相对比例关系，反映了结构振动的形态，不是振幅的绝对值。

求解固有频率广义特征值问题的数值方法主要包括变换法和迭代法两种。

1）变换法。将 M 和 K 通过矩阵变换转化为对角阵 M^d 和 K^d，变换后特征值不变。

$$\boldsymbol{K}^{\mathrm{d}} = \begin{pmatrix} k_{11} & & & \\ & k_{22} & & \\ & & \ddots & \\ & & & k_{nn} \end{pmatrix} \quad \boldsymbol{M}^{\mathrm{d}} = \begin{pmatrix} m_{11} & & & \\ & m_{22} & & \\ & & \ddots & \\ & & & m_{nn} \end{pmatrix}$$

由于 $\boldsymbol{M}^{\mathrm{d}}$ 和 $\boldsymbol{K}^{\mathrm{d}}$ 为对角阵，因此容易确定各个特征值分别为

$$\omega_1^2 = \frac{k_{11}}{m_{11}}, \omega_2^2 = \frac{k_{22}}{m_{22}}, \cdots, \omega_n^2 = \frac{k_{nn}}{m_{nn}} \tag{9-19}$$

进而确定与上述特征值对应的特征向量 $\boldsymbol{\Phi}_i^{\mathrm{d}}$，对该向量进行逆变换，就可以求出原问题的所有特征向量。

2）迭代法。迭代法根据选取的初始向量 $\boldsymbol{\Phi}^0$ 和迭代公式

$$\boldsymbol{\Phi}^{k+1} = \boldsymbol{A}^{-1}\boldsymbol{\Phi}^k \tag{9-20}$$

求解向量序列 $\boldsymbol{\Phi}^1, \boldsymbol{\Phi}^2, \cdots$，使它收敛于与 $|\boldsymbol{A}|$ 绝对值最大的特征值对应的特征向量，以 $\boldsymbol{\Phi}^{k+1}$ 作为 $\boldsymbol{A}$ 的特征向量，再求出相应的特征值。迭代法先求特征向量，再求特征值，并且不是一次求出所有特征值和特征向量，而是由低阶到高阶一次求出各阶特征对，迭代时会积累误差，一般适用于求解 3 ～ 5 个低阶特征对。

动态问题响应分析的目的是计算结构在动载荷作用下的节点位移、速度及加速度的变化规律，即求解二阶常微分方程组（9-15）。求解该方程组的常用数值解法包括振型叠加法和直接积分法两类。

1）振型叠加法。根据 $\boldsymbol{C}$、$\boldsymbol{M}$、$\boldsymbol{K}$ 与模态矩阵 $\boldsymbol{\Phi}$ 的正交性，即

$$\boldsymbol{\Phi}^{\mathrm{T}} \boldsymbol{C} \boldsymbol{\Phi} = \bar{\boldsymbol{C}}$$
$$\boldsymbol{\Phi}^{\mathrm{T}} \boldsymbol{M} \boldsymbol{\Phi} = \bar{\boldsymbol{M}} \qquad (9\text{-}21)$$
$$\boldsymbol{\Phi}^{\mathrm{T}} \boldsymbol{K} \boldsymbol{\Phi} = \bar{\boldsymbol{K}}$$

式中 $\bar{C}$、$\bar{M}$、$\bar{K}$ 均为对角阵, 利用模态变换

$$\boldsymbol{\delta} = \boldsymbol{\Phi} \boldsymbol{x} \qquad (9\text{-}22)$$

将式 (9-15) 转化为以模态坐标 x 表示的互不耦合的二阶微分方程:

$$\bar{\boldsymbol{M}} \ddot{\boldsymbol{x}} + \bar{\boldsymbol{C}} \dot{\boldsymbol{x}} + \bar{\boldsymbol{K}} \boldsymbol{x} = \bar{\boldsymbol{P}}_t \qquad (9\text{-}23)$$

式中 $\bar{\boldsymbol{P}}_t = \boldsymbol{\Phi}^{\mathrm{T}} \boldsymbol{P}_t$。由于 $\bar{C}$、$\bar{M}$、$\bar{K}$ 均为对角阵, 因此式 (9-23) 包括 n 个独立的线性微分方程:

$$m_i \ddot{x}_i + c_i \dot{x}_i + k_i x_i = R_{it} \quad (i = 1, 2, \cdots, n) \qquad (9\text{-}24)$$

求出 n 个 x_i 并代回式 (9-22), 就可以求出动态响应 $\boldsymbol{\delta}$。根据振动理论, 动载荷作用下的结构动态响应为各阶主模态振型的线性叠加, 即

$$\boldsymbol{\delta} = x_1 \boldsymbol{\Phi}_n + x_2 \boldsymbol{\Phi}_n + \cdots x_n \boldsymbol{\Phi}_n = \boldsymbol{\Phi} \boldsymbol{x} \qquad (9\text{-}25)$$

2) 直接积分法。直接积分法的基本思想是将时间区间离散为 $n+1$ 个离散点, 每两个离散点之间具有相同的时间间隔 $\Delta t = T / n$, 由初始时刻 $t = 0$ 开始逐步求出每个时间离散点上的状态向量, 最后求出的状态向量就是结构最终的动态响应。

9.3 ZWSim 仿真分析实例

9.3.1 实例一：发电机支架的模态分析

如图 9-1 所示，发电机支架由框架、安装块、橡胶、橡胶盖板组成，发电机通过螺栓安装在支架上，并使用六个橡胶隔震器与地面相隔。发电机的重量为 600kg，图中并未建立发电机的模型，而是标注其质心，坐标为（0.25m，−0.2m，0.5m）。框架以及安装块材料为 Q235B，橡胶盖板材料为不锈钢 304，其材料属性见表 9-1。本例使用 ZWSim 对该模型进行有限元仿真分析，研究其固有频率与振型。

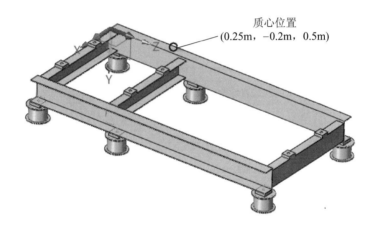

图 9-1　发电机支架模型

表 9-1　材料属性表

材料	弹性模量 /（N/m^2）	泊松比	密度 /（kg/m^3）
Q235B	2.1×10^{11}	0.274	7830
不锈钢 304	2.0×10^{11}	0.280	7800
橡胶	6.1×10^{6}	0.490	1000

操作步骤

步骤 1：打开模型。使用 ZWSim 打开练习模型"发电机支架 .Z3ASM"。

步骤 2：新建线性模态分析任务。切换到【仿真】页面，选择【新建结构仿真任务】，在弹出的页面中选择【线性模态分析】，如图 9-2 所示。完成后，视图区底部出现仿真任务"频率和振型 1"，顶部菜单栏出现【中望结构仿真】页面，另外软件左侧或者右侧出现【仿真】管理器。

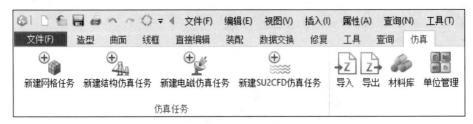

图 9-2　新建线性模态分析任务

步骤 3：设置单位制。在【仿真】页面选择【单位管理】，在弹出的设置界面选择【SI（m，kg，s，rad，K）】，单击【确认】，详见图 9-3。

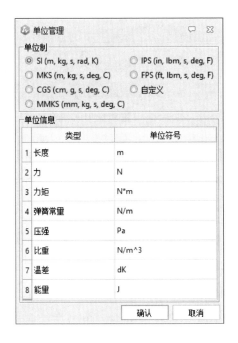

图 9-3 设置单位制

步骤 4：添加质量单元。本次仿真中使用质量单元来模拟发电机。在【仿真】管理树中展开【零件】，选中【几何部件】，单击右键并选择【添加几何体】，选择图 9-4 中的几何点，并单击绿色√完成添加。在【几何部件】下选中刚才添加的几何点，单击右键并选择【质量单元属性】，在弹出的窗口中设置质量为 600kg，如图 9-5 所示，并单击绿色√完成设置。

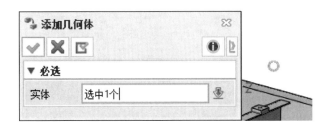

图 9-4 添加几何点

图 9-5　设置质量单元属性

步骤 5：赋予材料属性。在【仿真】页面选择【材料库】，选中【用户】，单击右键并选择【新建材料】，名字中输入"Q235B"，弹性模量中输入"2.1e11"，泊松比中输入"0.274"，密度中输入"7830"，如图 9-6 所示，单击【确认】完成材料"Q235B"的建立。重复该步骤，建立材料"不锈钢304"和"橡胶"，完成后单击【确认】关闭材料库界面。然后，在【仿真】管理器下展开【几何部件】，按住 Shift 键选择 2 个长支架、3 个短支架、6 个发电机安装块、6 个减震橡胶安装块，单击右键并选择【编辑材料】，在弹出的材料库窗口中找到刚才定义的"Q235B"，单击【确认】，将材料赋予所选实体。再次选择 12 个橡胶盖板，应用材料"不锈钢304"。最后选择6 个橡胶实体，应用材料"橡胶"，设置完毕的情形见图 9-7。

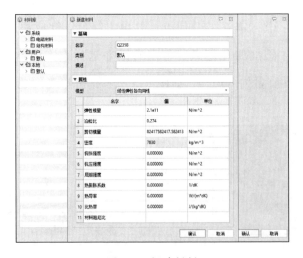

图 9-6　新建材料

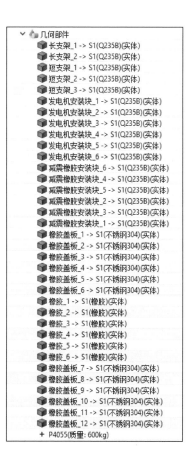

图 9-7　材料设置完成图

　　步骤 6：施加固定约束。根据仿真工况，对 6 个橡胶盖板底面设置固定约束。在【仿真】管理器下选中【约束】，单击右键并选择【固定约束】。按照图 9-8 所示选择 6 个圆面，为了方便选取，可将【选择过滤器 ▪ ﾟ 】更改为【曲面】。勾选绿色√，完成固定约束设置。

　　步骤 7：生成网格。在【仿真】管理器中选中【网格】，单击右键并选择【生成网格】，在弹出的窗口中选择【高级 ﾟ 】，设置最小尺寸为 0.005m，设置最大尺寸为 0.01m，在选项中勾选【兼容网格】、【二阶】

等，如图 9-9 所示。生成的网格如图 9-10 所示。兼容网格的作用是在两个零件接触区域生成共节点的网格，建立零件之间的连接关系。

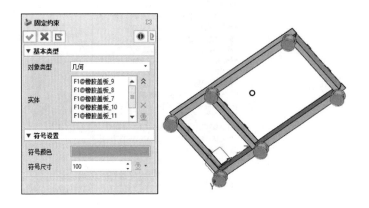

图 9-8　设置固定约束

图 9-9　生成网格参数

图 9-10　模型有限元网格

　　步骤 8：建立动力学刚性单元。发电机通过螺栓与支架相连，本例中通过使用动力学刚性单元模拟该连接。在【仿真】管理器中选中【连接】，单击右键并选择【动力学刚性单元】，独立点选择质心，选择依赖对象时，切换【选择过滤器 ▪ 】为【曲面】，选择 6 个发电机安装块内圆面，勾选全部 6 个自由度，如图 9-11 所示。单击绿色√完成设置。

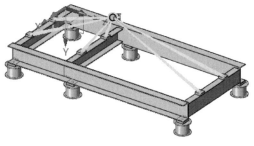

图 9-11　设置动力学刚性单元

步骤 9：设置任务选项。在【中望结构仿真】页面下选择【任务选项】，在【一般设定】页面下找到【模态阶数】，设置为 15，即求解模型前 15 阶固有频率，如图 9-12 所示，单击【确认】关闭设置页面。

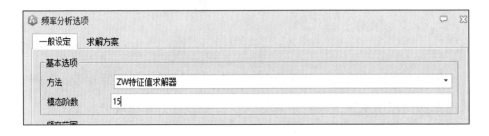

图 9-12　设置任务选项

步骤 10：检查以及运行计算。在【中望结构仿真】页面右侧选择【检查】，单击【开始】，软件会自动判断运行仿真所需的条件是否满足，检查完成后如图 9-13 所示。关闭该页面，单击【保存】，单击【运行计算】进行求解。

图 9-13　检查界面

步骤 11：查看模态分析结果。计算完成后，软件默认显示模型第一阶模态振型，如图 9-14 所示。在【仿真】管理器中选中【结果】，单击右键并选择【模态图表】，获得固有频率表，如图 9-15 所示。由于隔震橡胶的存在，整个系统的固有频率在前三阶较低，从而为支架提供了良好的隔震特性。

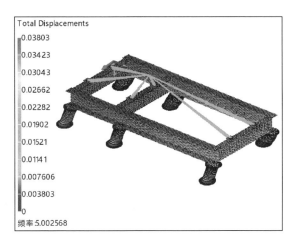

图 9-14　第一阶模态振型

模态编号	频率(弧度/秒)	频率(Hz)	周期(秒)
1	31.4321	5.00257	0.199897
2	34.2304	5.44794	0.183556
3	75.0143	11.9389	0.0837599
4	222.194	35.3633	0.0282779
5	373.764	59.4864	0.0168106
6	430.932	68.5849	0.0145805

图 9-15　固有频率表

9.3.2　实例二：发电机支架的谐响应分析

发电机支架仿真分析背景见发电机支架的模态分析实例。在实际应用中，我们不但需要评估发电机支架的固有频率与振型，还需要关心在发电机周期载荷作用下，发电机支架是否会产生共振，出现较大的振动位移，导致安全事故。本例即分析该发电机支架在周期载荷作用下的振动位移与频率的关系。所研究的频率范围为 5 ～ 100Hz，并引入瑞利阻尼。

瑞利阻尼是在结构动力分析中经常使用的等效阻尼方式，它假设结构的阻尼矩阵为质量矩阵和刚度矩阵的组合。其表达式如下：

$$C = \alpha M + \beta K$$

式中，α 和 β 为两个系数，计算公式如下：

$$\alpha = \frac{2\xi\omega_i\omega_j}{\omega_i + \omega_j}$$

$$\beta = \frac{2\xi}{\omega_i + \omega_j}$$

式中，ξ 为振型阻尼比，ω_i 和 ω_j 为所选频率点。所选频率点需要覆盖所关心的频率范围。

操作步骤

如果已经完成发电机支架的模态分析实例，则可以按照以下步骤快速进行谐响应分析。

步骤 1：打开模型。使用 ZWSim 打开已经完成模态分析的模型"发电机支架 .Z3ASM"。

步骤 2：复制算例。在【仿真】管理树中选中"频率和振型 1"，单击右键并选择【复制】，将会获得新算例"频率和振型 1-Copy"。选中该算例，单击右键并选择【分析转换】，在弹出窗口中选择【谐响应分析（模态叠加法）】，单击绿色√，从弹出的警告窗口中选择【是（Y）】，最终获得算例"模态叠加 1"。该算例继承了模态分析算例中的大部分设置参数以及网格，方便用户进行仿真设置。

步骤 3：设置任务选项。在【仿真】管理树中选中"模态叠加 1"，单击右键并选择【任务选项】，注意到【模态阶数】为 15；切换到【一般设定】页面，选择【手动设定间隔】，频率类型选择【线性】，【开始】设为 5Hz，【结束】设为 100Hz，【数量】设为 20，【偏置】设为 1，如图 9-16 所示，那么软件将每隔 5Hz 计算一个结果。切换到【阻尼】页面，利用上文中的公式计算系数值，取 $\xi = 0.05$，$\omega_i = 5$，$\omega_j = 100$，计算得到 $\alpha = 2.992$，$\beta = 1.5158e - 4$，分别填入相关空格中，如图 9-17 所示。

图 9-16　设置一般设定

步骤 4：设置载荷。在【仿真】管理树上选中【机械载荷】，然后单击右键并选择【力】，将对象类型修改为【几何点】，选中质心，方向选择 Y 轴，在幅值中输入 1000N，如图 9-18 所示。

图 9-17 设置阻尼

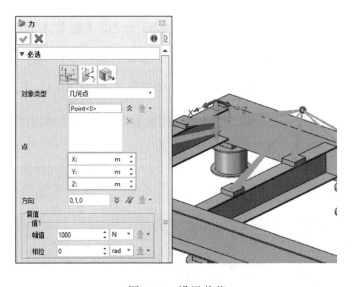

图 9-18 设置载荷

步骤 5：检查以及运行计算。切换到【中望结构仿真】页面，选择右侧的【检查】，单击【开始】，对模型设置进行检查，检查结果如图 9-19 所示。关闭该界面，单击【保存】，单击【中望结构仿真】页面下的【运行计算】，进行模型求解。

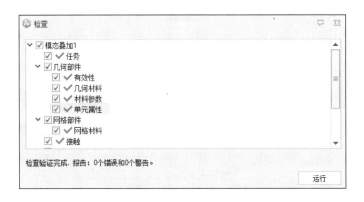

图 9-19 检查结果

步骤 6：结果查看与分析。在【中望结构仿真】页面选择【新建二维绘图】，类型中选择【Displacements result】，子结果选择【T2 Displacements】，选项中选择【在位置上】，选择 node（45），如图 9-20 所示，所得 Y 向位移同频率的关系图见图 9-21。从图中可以看出，在 10Hz 时模型具有共振风险，设计时需要进行规避。

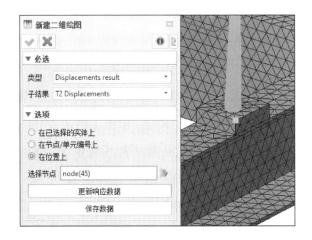

图 9-20 新建二维绘图设置

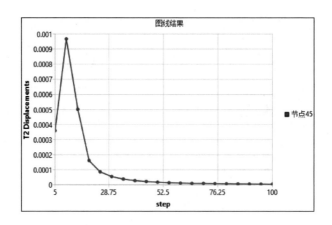

图 9-21   Y 向位移同频率关系曲线

如果没有进行发电机支架模态分析的练习，可以按照如下步骤进行谐响应分析的练习。

步骤 1：打开模型。使用 ZWSim 打开练习模型"发电机支架 .Z3ASM"。

步骤 2：新建谐响应分析任务。切换到【仿真】页面，选择【新建结构仿真任务】，在弹出的页面中选择【谐响应分析（模态叠加法）】，如图 9-22 所示。完成后，视图区底部出现仿真任务"模态叠加 1"，顶部菜单栏出现【中望结构仿真】页面，另外软件左侧或者右侧出现【仿真】管理器。

步骤 3：设置单位制。在【仿真】页面选择【单位管理】，在弹出的设置界面选择【SI（m，kg，s，rad，K）】，单击【确认】，详见图 9-23。

步骤 4：添加质量单元。本次仿真中使用质量单元来模拟发电机。在【仿真】管理树中展开【零件】，选中【几何部件】，单击右键并选择【添加几何体】，选择图 9-24 中的几何点，并单击绿色√完成添加。在【几何部件】下选中刚才添加的几何点，单击右键并选择【质量单元属性】，在弹出的窗口中设置质量为 600kg，如图 9-25 所示，并单击绿色√完成设置。

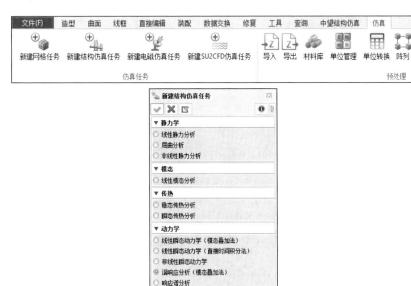

图 9-22　新建谐响应分析任务

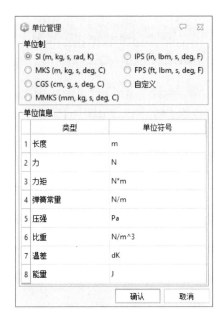

图 9-23　设置单位制

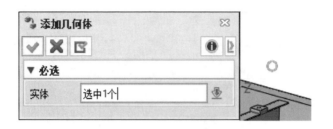

图 9-24 添加几何点

图 9-25 设置质量单元属性

步骤 5：赋予材料属性。在【仿真】页面选择【材料库】，选中【用户】，单击右键并选择【新建材料】，名字中输入"Q235B"，弹性模量中输入"2.1e11"，泊松比中输入"0.274"，密度中输入"7830"，如图 9-26 所示，单击【确认】完成材料"Q235B"的建立。重复该步骤，建立材料"不锈钢 304"和"橡胶"，完成后单击【确认】关闭材料库界面。然后，在【仿真】管理器下展开【几何部件】，按住 Shift 键选择 2 个长支架、3 个短支架、6 个发电机安装块、6 个减震橡胶安装块，单击右键并选择【编辑材料】，在弹出的材料库窗口中找到刚才定义的"Q235B"，单击【确认】，将材料赋予所选实体。再次选择 12 个橡胶盖板，应用材料"不锈钢 304"。最后选择 6 个橡胶实体，应用材料"橡胶"，设置完毕的情形见图 9-27。

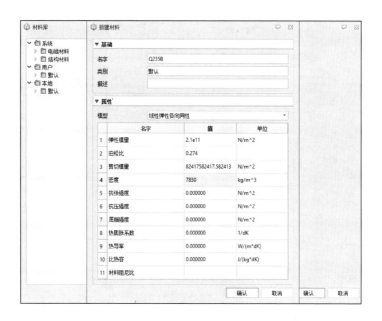

图 9-26　新建材料

步骤 6：施加固定约束。根据仿真工况，对 6 个橡胶盖板底面设置固定约束。在【仿真】管理器下选中【约束】，单击右键并选择【固定约束】。按照图 9-28 所示选择 6 个圆面，为了方便选取，可将【选择过滤器 ▪】更改为【曲面】。勾选绿色√，完成固定约束设置。

步骤 7：生成网格。在【仿真】管理器中选中【网格】，单击右键并选择【生成网格】，在弹出的窗口中选择【高级 ▪】，设置最小尺寸为0.005m，设置最大尺寸为 0.01m，在选项中勾选【兼容网格】、【二阶】等，如图 9-29 所示。生成的网格如图 9-30 所示。兼容网格的作用是在两个零件接触区域生成共节点的网格，建立零件之间的连接关系。

图 9-27　材料设置完成图

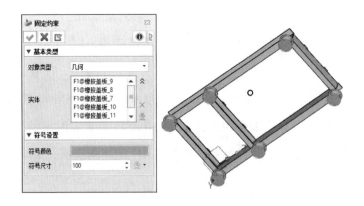

图 9-28　设置固定约束

图 9-29　生成网格参数

图 9-30　模型有限元网格

步骤 8：建立动力学刚性单元。发电机通过螺栓与支架相连，本例中通过使用动力学刚性单元模拟该连接。在【仿真】管理器中选中【连接】，单击右键并选择【动力学刚性单元】，独立点选择质心，选择依赖对象时，切换【选择过滤器 ⬛】为【曲面】，选择 6 个发电机安装块内圆面，勾选全部 6 个自由度，如图 9-31 所示。单击绿色√完成设置。

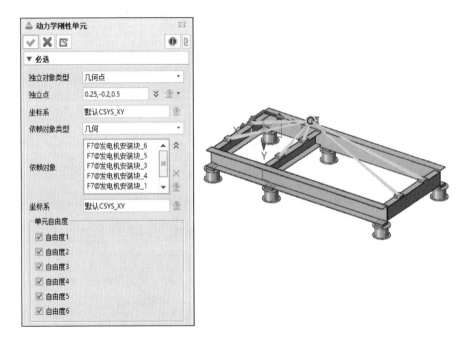

图 9-31　设置动力学刚性单元

步骤 9：设置任务选项。在【中望结构仿真】页面下选择【任务选项】，在【一般设定】页面下找到【模态阶数】，设置为 15，即求解模型前 15 阶固有频率，如图 9-32 所示。切换到【一般设定】页面，选择【手动设定间隔】，频率类型选择【线性】，【开始】设为 5Hz，【结束】设为 100Hz，【数量】设为 20，【偏置】设为 1，如图 9-33 所示，那么软件将每隔 5Hz 计算一个结果。切换到【阻尼】页面，利用上文中的公式计算系数值，取 $\xi = 0.05$ ，$\omega_i = 5$ ，$\omega_j = 100$ ，计算得到 $\alpha = 2.992$ ，$\beta = 1.5158\mathrm{e} - 4$ ，
分别填入相关空格中，如图 9-34 所示。

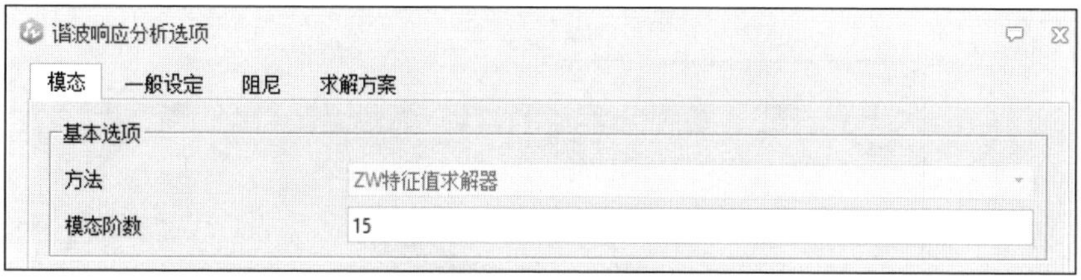

图 9-32　设置任务选项

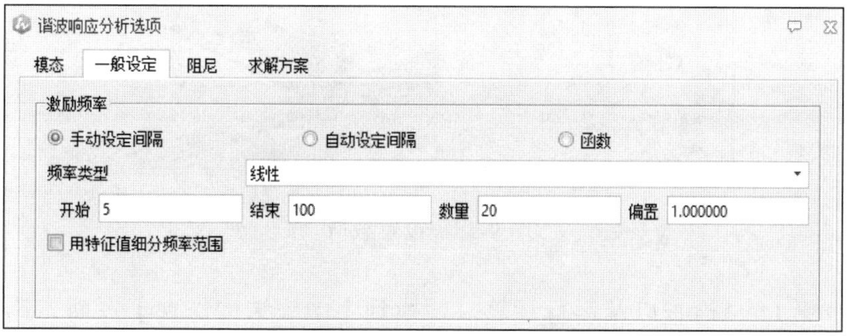

图 9-33　设置一般设定

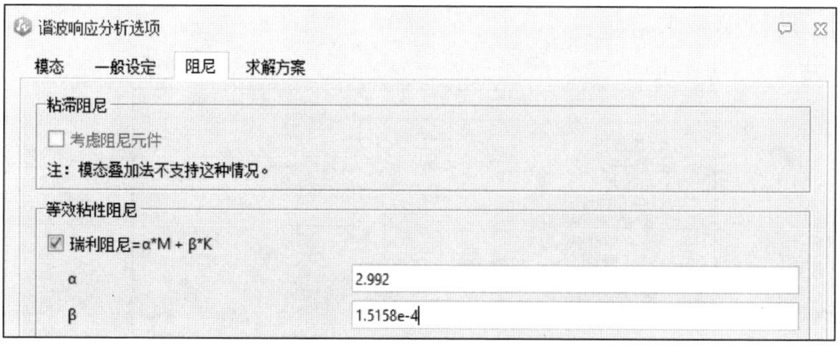

图 9-34　设置阻尼

步骤 10：设置载荷。在【仿真】管理树上选中【机械载荷】，然后单击右键并选择【力】，将对象类型修改为【几何点】，选中质心，方向选择 Y 轴，在幅值中输入 1000N，如图 9-35 所示。

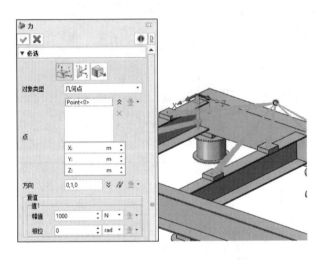

图 9-35　设置载荷

步骤 11：检查以及运行计算。切换到【中望结构仿真】页面，选择右侧的【检查】，单击【开始】，对模型设置进行检查，检查结果如图 9-36 所示。关闭该界面，单击【保存】，单击【中望结构仿真】页面下的【运行计算】，进行模型求解。

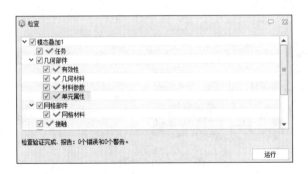

图 9-36　检查结果

步骤 12：结果查看与分析。在【中望结构仿真】页面选择【新建二维绘图】，类型中选择【Displacements result】，子结果选择【T2 Displacements】，选项中选择【在位置上】，选择 node（45），如图 9-37 所示，所得 Y 向位移同频率的关系图见图 9-38。从图中可以看出，在 10Hz 时模型具有共振风险，设计时需要进行规避。

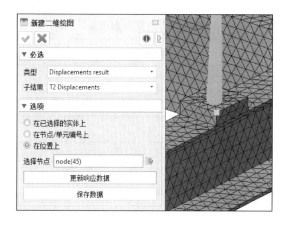

图 9-37　新建二维绘图设置

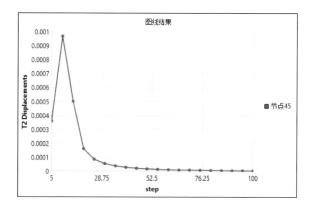

图 9-38　Y 向位移同频率关系曲线

9.3.3   实例三：发电机支架的响应谱分析

发电机支架仿真分析背景见发电机支架的模态分析实例。在进行发电机支架设计时，考虑地震作用是十分必要的，利用有限元仿真的响应谱分析，可以协助判断发电机支架在地震作用下的结构完整性。本例考虑发电机支架受到如表 9-2 所示的地震加速度谱作用，分析此种工况下结构的最大响应。

表 9-2   地震加速度谱

周期 /s	频率 /Hz	加速度 / (m/s^2)
5.00	0.20	0.911
4.50	0.22	0.980
4.00	0.25	1.039
3.50	0.29	1.107
3.00	0.33	1.176
2.50	0.40	1.235
2.00	0.50	1.303
1.80	0.56	1.441
1.60	0.63	1.617
1.40	0.71	1.842
1.20	0.83	2.136
1.00	1.00	2.548
0.80	1.25	3.165
0.60	1.67	4.194
0.40	2.50	6.213
0.10	10.00	6.213
0.03	33.33	1.960
0.01	100.00	1.960

操作步骤

如果已经完成发电机支架的模态分析实例，则可以按照以下步骤快速进行响应谱分析。

步骤 1：打开模型。使用 ZWSim 打开已经完成模态分析的模型"发电机支架 .Z3ASM"。

步骤 2：复制算例。在【仿真】管理树中选中"频率和振型 1"，单击右键并选择【复制】，将会获得新算例"频率和振型 1-Copy"。选中该算例，单击右键并选择【分析转换】，在弹出窗口中选择【响应谱分析】，单击绿色√，从弹出的警告窗口中选择【是（Y）】，最终获得算例"响应谱 1"。该算例继承了模态分析算例中的大部分设置参数以及网格，方便用户进行仿真设置。

步骤 3：设定加速度谱。切换到【仿真】页面，找到【新建公式表达式】，按下下方的黑色三角形，切换到【新建表格表达式】，弹出图 9-39 所示界面，设置名字为【ACC】，自变量选择【频率】，因变量选择【加速】，单击第三个按钮【在 Excel 中编辑】，在弹出的 Excel 窗口中将表 1 中的频率、加速度值复制粘贴到相应位置，并保存该 Excel 表，关闭后如图 9-39 所示。单击【确认】完成加速度—频率表创建。再次单击【新建表格表达式】，在弹出界面中设置名字为【SPEC】，自变量选择【无量纲】，因变量选择【Function】，鼠标在【输入数据以空格分隔】后单击，输入"0 ACC"，单击【确认】将该值存入数据栏中，如图 9-40 所示，再单击最下方的【确认】完成加速度谱表格设置。

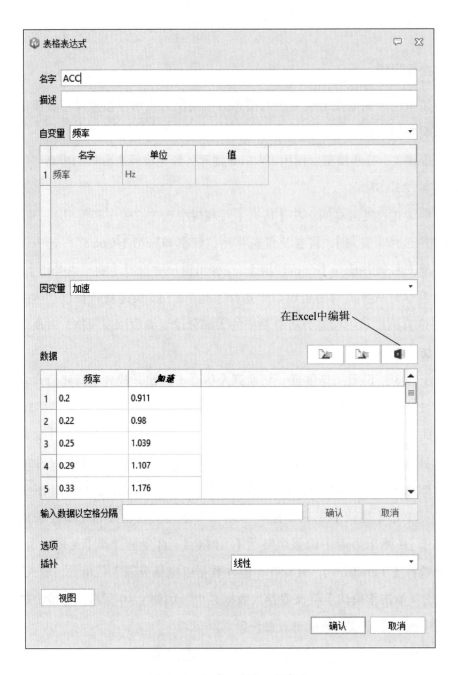

图 9-39   创建加速度—频率表

图 9-40 设置加速度谱表格

步骤 4：设置任务选项。在【仿真】管理树中选中"响应谱 1"，单击右键并选择【任务选项】，注意到【模态阶数】为 15；切换到【一般设定】页面，将激励类型修改为【单向】，振型组合修改为【双重求和组合法】，谱类型修改为【加速度谱】，插值法修改为【线性】，使用响应谱中选择【SPEC】，【基础激励方向（原点到点）】设为"１００"，如图 9-41 所示。设置完成后单击【确认】关闭页面。

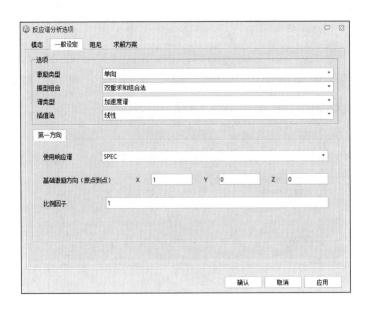

图 9-41   设置一般设定

步骤 5：检查以及运行计算。切换到【中望结构仿真】页面，选择右侧的【检查】，单击【开始】，对模型设置进行检查，检查结果如图 9-42所示。关闭该界面，保存文件，单击【中望结构仿真】页面下的【运行计算】，进行模型求解。

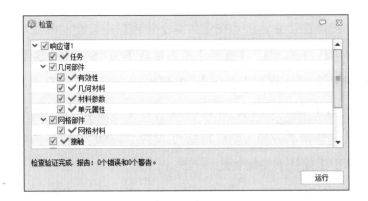

图 9-42   检查结果

步骤 6：结果查看与分析。求解完成后，程序默认给出模型的合位移结果，选中【Total Displacements】，单击右键并选择【隐藏边】，所得图像如图 9-43 所示。双击切换到【Avg.vonMises Stress】，获得模型的节点应力图，同样操作可得图 9-44 所示的应力图。模型最大应力值为 146.8MPa，小于材料屈服强度 235MPa。

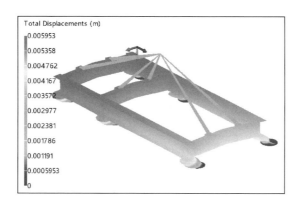

图 9-43　模型的合位移结果

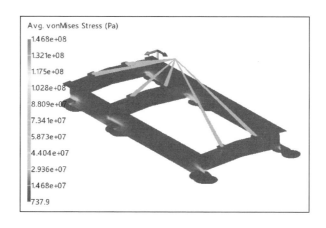

图 9-44　模型的节点应力结果

如果没有进行发电机支架模态分析的练习，可以按照如下步骤进行响应谱分析的练习。

步骤 1：打开模型。使用 ZWSim 打开练习模型"发电机支架 .Z3ASM"。

步骤 2：新建响应谱分析任务。切换到【仿真】页面，选择【新建结构仿真任务】，在弹出的页面中选择【响应谱分析】，如图 9-45 所示。完成后，视图区底部出现仿真任务"响应谱 1"，顶部菜单栏出现【中望结构仿真】页面，另外软件左侧或者右侧出现【仿真】管理器。

图 9-45　新建响应谱分析任务

步骤 3：设置单位制。在【仿真】页面选择【单位管理】，在弹出的设置界面选择【SI（m，kg，s，rad，K）】，单击【确认】，详见图 9-46。

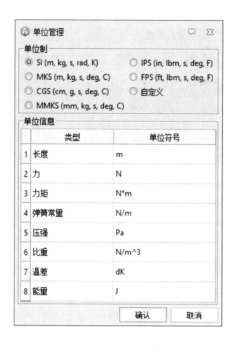

图 9-46　设置单位制

步骤 4：添加质量单元。本次仿真中使用质量单元来模拟发电机。在【仿真】管理树中展开【零件】，选中【几何部件】，单击右键并选择【添加几何体】，选择图 9-47 中的几何点，并单击绿色√完成添加。在【几何部件】下选中刚才添加的几何点，单击右键并选择【质量单元属性】，在弹出的窗口中设置质量为 600kg，如图 9-48 所示，并单击绿色√完成设置。

图 9-47　添加几何点

图 9-48　设置质量单元属性

步骤 5：赋予材料属性。在【仿真】页面选择【材料库】，选中【用户】，单击右键并选择【新建材料】，名字中输入" Q235B"，弹性模量中输入"2.1e11"，泊松比中输入"0.274"，密度中输入"7830"，如图 9-49 所示，单击【确认】完成材料" Q235B"的建立。重复该步骤，建立材料"不锈钢 304"和"橡胶"，完成后单击【确认】关闭材料库界面。然后，在【仿真】管理器下展开【几何部件】，按住 Shift 键选择 2 个长支架、3 个短支架、6 个发电机安装块、6 个减震橡胶安装块，单击右键并选择【编辑材料】，在弹出的材料库窗口中找到刚才定义的" Q235B"，单击【确认】，将材料赋予所选实体。再次选择 12 个橡胶盖板，应用材料"不锈钢 304"。最后选择 6 个橡胶实体，应用材料"橡胶"，设置完毕的情形见图 9-50。

步骤 6：施加固定约束。根据仿真工况，对 6 个橡胶盖板底面设置固定约束。在【仿真】管理器下选中【约束】，单击右键并选择【固定约束】。按照图 9-51 所示选择 6 个圆面，为了方便选取，可将【选择过滤器■▼】更改为【曲面】。勾选绿色√，完成固定约束设置。

步骤 7：生成网格。在【仿真】管理器中选中【网格】，单击右键并选择【生成网格】，在弹出的窗口中选择【高级 🎲】，设置最小尺寸为 0.005m，设置最大尺寸为 0.01m，在选项中勾选【兼容网格】、【二阶】等，如图 9-52 所示。生成的网格如图 9-53 所示。兼容网格的作用是在两个零件接触区域生成共节点的网格，建立零件之间的连接关系。

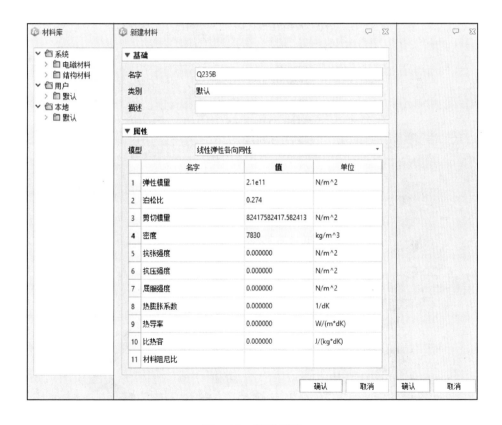

图 9-49　新建材料

图 9-50 材料设置完成图

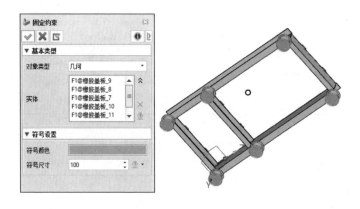

图 9-51 设置固定约束

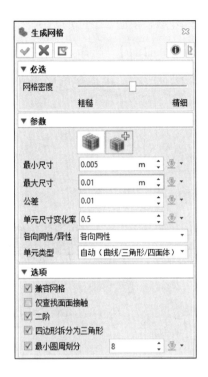

图 9-52　生成网格参数

图 9-53　模型有限元网格

步骤 8：建立动力学刚性单元。发电机通过螺栓与支架相连，本例中通过使用动力学刚性单元模拟该连接。在【仿真】管理器中选中【连接】，单击右键并选择【动力学刚性单元】，独立点选择质心，选择依赖对象时，切换【选择过滤器 ■ 】为【曲面】，选择 6 个发电机安装块内圆面，勾选全部 6 个自由度，如图 9-54 所示。单击绿色√完成设置。

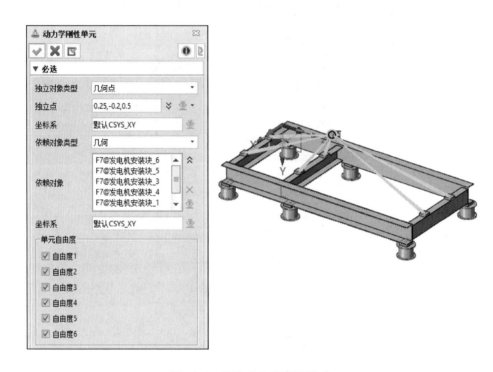

图 9-54　设置动力学刚性单元

步骤 9：设定加速度谱。切换到【仿真】页面，找到【新建公式表达式】，按下下方的黑色三角形，切换到【新建表格表达式】，弹出设置界面，设置名字为【ACC】，自变量选择【频率】，因变量选择【加速】，单击第三个按钮【在 Excel 中编辑】，在弹出的 Excel 窗口中将表 1 中的频率、加速度值复制粘贴到相应位置，并保存该 Excel 表，关闭后如图 9-55 所示。单击【确认】完成加速度—频率表创建。再次单击【新建表格表达式】，在弹出界面中设置名字为【SPEC】，自变量选择【无量纲】，因变量选择【Function】，鼠标在【输入数据以空格分隔】后单击，输入"0 ACC"，单击【确认】将该值存入数据栏中，如图 9-56 所示，再单击最下方的【确认】完成加速度谱表格设置。

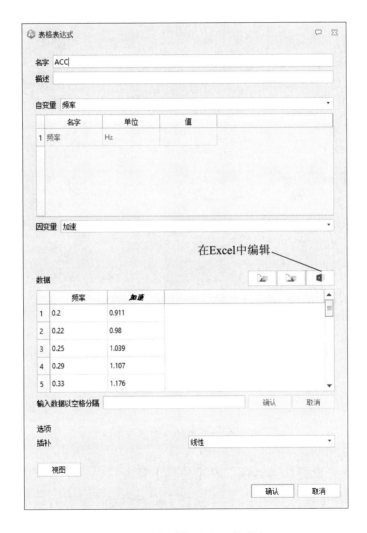

图 9-55　创建加速度—频率表

图 9-56　设置加速度谱表格

步骤 10：设置任务选项。在【仿真】管理树中选中"响应谱 1"，单击右键并选择【任务选项】，在【模态】页面设置【模态阶数】为 15，如图 9-57 所示；切换到【一般设定】页面，将【激励类型】修改为【单向】，【振型组合】修改为【双重求和组合法】，【谱类型】修改为【加速度谱】，【插值法】修改为【线性】，【使用响应谱】中选择【SPEC】，【基础激励方

向（原点到点）】设为"１００"，如图 9-58 所示。设置完成后单击【确认】
关闭页面。

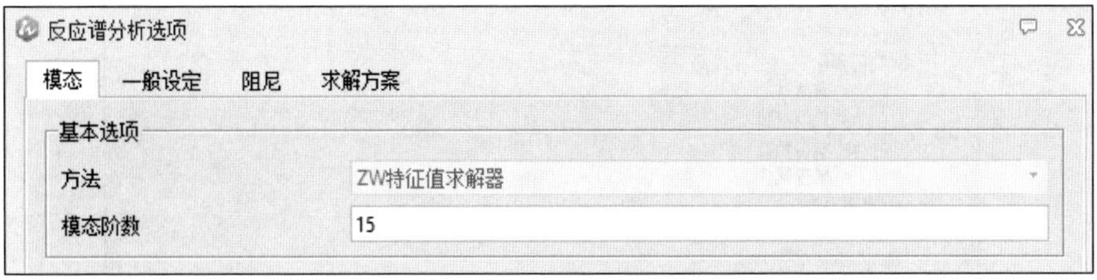

图 9-57　设置模态

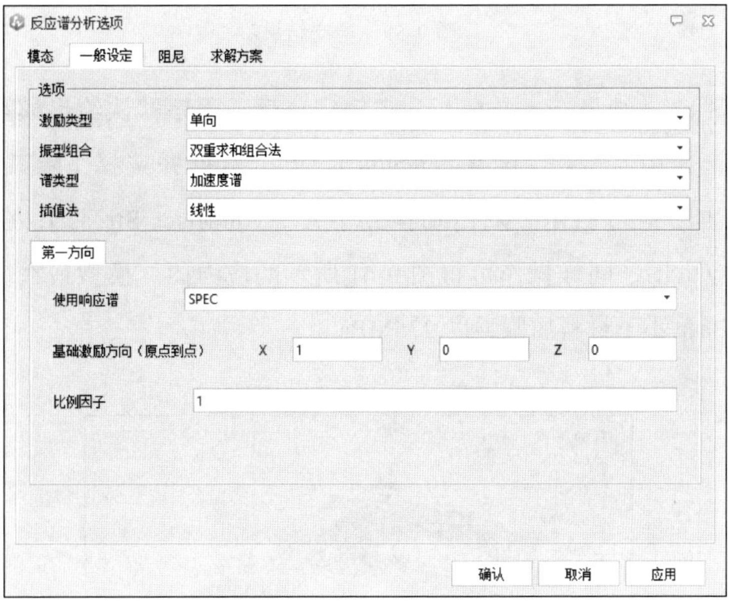

图 9-58　设置一般设定

步骤 11：检查以及运行计算。切换到【中望结构仿真】页面，选择右
侧的【检查】，单击【开始】，对模型设置进行检查，检查结果如图 9-59
所示。关闭该界面，保存文件，单击【中望结构仿真】页面下的【运行计

算】，进行模型求解。

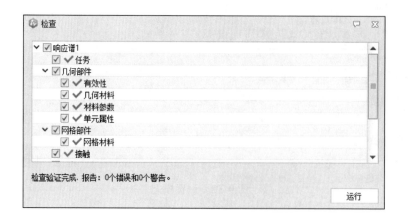

图 9-59　检查结果

步骤 12：结果查看与分析。求解完成后，程序默认给出模型的合位移结果，选中【Total Displacements】，单击右键并选择【隐藏边】，所得图像如图 9-60 所示。双击切换到【Avg.vonMises Stress】，获得模型的节点应力图，同样操作可得图 9-61 所示的应力图。模型最大应力值为146.8MPa，小于材料屈服强度 235MPa。

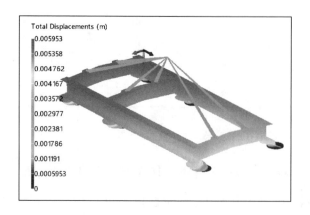

图 9-60　模型的合位移结果

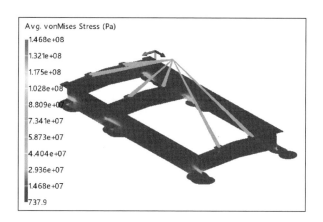

图 9-61　模型的节点应力结果

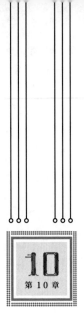

第 10 章

结构稳定性问题

 结构的稳定性分析（屈曲分析）研究特定形式的结构（细长杆、薄板等）对外载荷的响应特性。结构的承载能力体现在可以产生适当的内力来平衡外部载荷，如果平衡是稳定的，则处于平衡位形下的结构在微小干扰下不会出现较大的位移，在干扰去除以后还可以恢复到原始的平衡位形。如果平衡是不稳定的，则结构在微小干扰下会永久偏离原先的平衡位形。如果系统较原有状态发生较大变化，就称为系统失稳或者屈曲。从数学的角度来看，结构在静载荷作用下出现屈曲可以归结为平衡方程的多值性问题。

10.1   稳定性问题的有限元解法

图 10-1 所示为承受纵向荷载的杆件——两端铰支。B 端无轴向位移，在轴向力 P 的作用下达到屈曲时，轴线变为一条曲线，此时杆件 A 端的位移为 c。

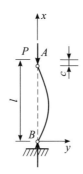

图 10-1   杆件弯曲变形

根据几何关系可得

$$c = \int_0^l \frac{1}{2}\left(\frac{\partial \omega}{\partial x}\right)^2 \mathrm{d}x \qquad (10\text{-}1)$$

因此轴向力 P 沿纵向所做的功为

$$\int_0^l \frac{P}{2}\left(\frac{\partial \omega}{\partial x}\right)^2 \mathrm{d}x \qquad (10\text{-}2)$$

杆件 AB 的总势能为

$$U = \frac{1}{2}\int_0^l M \frac{\partial^2 \omega}{\partial x^2}\,\mathrm{d}x - \int_0^l \frac{P}{2}\left(\frac{\partial \omega}{\partial x}\right)^2 \mathrm{d}x \qquad (10\text{-}3)$$

引入 $M = EI \dfrac{\partial^2 \omega}{\partial x^2}$ 可得

$$U = \frac{1}{2}\int_0^l EI\left(\frac{\partial^2 \omega}{\partial x^2}\right)^2 \mathrm{d}x - \int_0^l \frac{P}{2}\left(\frac{\partial \omega}{\partial x}\right)^2 \mathrm{d}x \qquad (10\text{-}4)$$

将该问题转化为有限元形式求解，首先将杆件离散为 n 个杆单元，每个单元长度为 $a = l / n$，每个单元的两个端点各有挠度和转角两个自由度，单元位移列矩阵为 $\boldsymbol{\delta}_e = \begin{pmatrix} w_i & \theta_i & w_j & \theta_j \end{pmatrix}^{\mathrm{T}}$，因此单元的位移模式为三次多项式

$$w = \alpha_0 + \alpha_1 x + \alpha_2 x^2 + \alpha_3 x^3 = \boldsymbol{X}\boldsymbol{\alpha} \qquad (10\text{-}5)$$

位移模式可以写为

$$w = \boldsymbol{X}\boldsymbol{C}^{-1}\boldsymbol{\delta}_e \qquad (10\text{-}6)$$

式中

$$\boldsymbol{C}^{-1} = \begin{pmatrix} 1 & 0 & 0 & 0 \\ 0 & 1 & 0 & 0 \\ -3/a^2 & -2/a & 3/a^2 & -1/a \\ 2/a^3 & 1/a^2 & -2/a^3 & 1/a^2 \end{pmatrix} \qquad (10\text{-}7)$$

将位移函数代入单元的能量泛函得到

$$\Pi_e = \frac{EI}{2}\boldsymbol{\delta}_e^{\mathrm{T}}\boldsymbol{C}^{-\mathrm{T}}\int_0^a (\boldsymbol{X}'')^{\mathrm{T}}\boldsymbol{X}''\,\mathrm{d}x\boldsymbol{C}^{-1}\boldsymbol{\delta}_e + \frac{P}{2}\boldsymbol{\delta}_e^{-\mathrm{T}}\boldsymbol{C}^{-\mathrm{T}}\int_0^a (\boldsymbol{X}')^{\mathrm{T}}\boldsymbol{X}'\mathrm{d}x\boldsymbol{C}^{-1}\boldsymbol{\delta}_e \quad （10\text{-}6）$$

泛函 Π_e 取极值的条件为

$$\frac{\partial \Pi_e}{\partial \boldsymbol{\delta}_e} = 0 \quad\quad\quad （10\text{-}8）$$

因此有

$$(\boldsymbol{K}_e - \boldsymbol{K}_0)\boldsymbol{\delta}_e = 0 \quad\quad\quad （10\text{-}9）$$

式中 $\boldsymbol{K}_e$ 为单元的抗弯刚度矩阵，$\boldsymbol{K}_0$ 为初应力矩阵。

由式（10-9）可以看出，压力 P 的存在使得杆件抗弯刚度减弱。

同样可以将各杆单元的刚度矩阵组装为结构的总刚矩阵

$$\sum \boldsymbol{K}_e + \sum \boldsymbol{K}_0 = \boldsymbol{K}_S + \boldsymbol{K}_{0S} \quad\quad\quad （10\text{-}10）$$

于是杆件稳定性问题即转化为求解方程

$$(\boldsymbol{K}_S - \boldsymbol{K}_{0S})\boldsymbol{\delta}_S = 0 \quad\quad\quad （10\text{-}11）$$

为了求得 $\boldsymbol{\delta}_S$ 的非零解，须引入待定常数 λ，即

$$(\boldsymbol{K}_S - \lambda \boldsymbol{K}_{0S})\boldsymbol{\delta}_S = 0 \qquad\qquad （10\text{-}12）$$

求解以上广义特征值问题，就可以确定临界压力及杆件屈曲形式。

10.2　ZWSim 仿真分析实例

建筑行业中，工字梁经常作为受压构件支撑整个结构的重量。对于细长受压结构件，不仅仅需要校核其强度，而且需要关注其是否会发生失稳现象。如图 10-2 所示，本例研究一根受压工字梁的屈曲问题。工字梁材质为 Q235B，材质属性见表 10-1，长度为 3m，截面尺寸见图 10-3，一端固定，另一端受 5000N 压力。为了减小分析规模，本例使用梁单元模拟。

图 10-2　工字梁示意图

表 10-1　Q235B 材质属性表

属性名	弹性模量 / (N/m²)	密度 / (kg/m³)	泊松比
属性值	2.1×10^{11}	7830	0.274

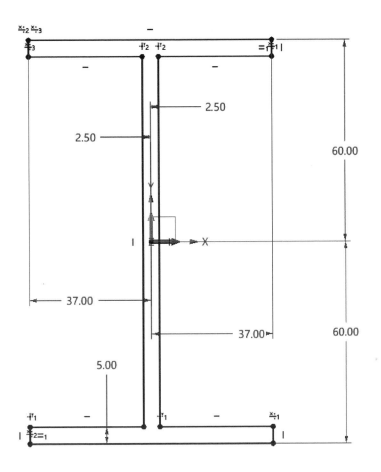

图 10-3　工字梁截面图

操作步骤

步骤 1：打开模型。使用 ZWSim 打开练习模型"工字梁 .Z3PRT"。

步骤 2：定义线体。切换到【线框】页面，按照图 10-4 所示找到【3D 中间曲线】命令，并按照图 10-5 所示生成绿色线体。完成之后，在【历史管理器】中选中实体" S1（拉伸 1_ 基体）"，删除该工字梁实体，只保留线体。

图 10-4 【3D 中间曲线】位置示意图

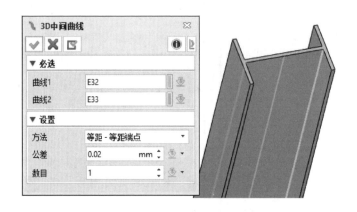

图 10-5 　3D 中间曲线设置图

步骤 3：新建屈曲分析任务。切换到【仿真】页面，选择【新建结构仿真任务】，在弹出的页面中选择【屈曲分析】，如图 10-6 所示。完成后，视图区底部出现仿真任务"屈曲 1"，顶部菜单栏出现【中望结构仿真】页面，另外软件左侧或者右侧出现【仿真】管理器。

步骤 4：设置单位制。在【仿真】页面选择【单位管理】，在弹出的设置界面选择【SI（m，kg，s，rad，K）】，单击【确认】，详见图 10-7。

步骤 5：设置梁单元。在【仿真】管理器下选中【几何部件】，选择【添加几何体】功能，在弹出的窗口中选中刚才建立的线体，单击绿色√，如图 10-8 所示。完成之后，【几何部件】下多出一个节点"L3585（未定义属性）"，选中该节点，选择【梁单元属性】，弹出梁单元属性设置窗口，按照图 10-9 进行设置，单击绿色√后，节点名称更改为"L3585（梁）"。

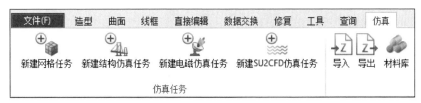

图 10-6　新建屈曲分析任务

图 10-7　设置单位制

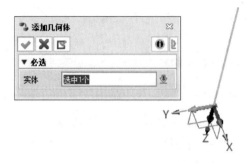

图 10-8   添加几何体示意图

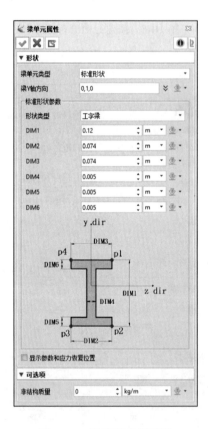

图 10-9   设置梁单元属性

步骤 6：赋予材料属性。选中节点"L3585（梁）"，单击右键并选择【编辑材料】后，弹出材料库界面，选中【用户】，选择【新建材料】，按照图 10-10 所示输入材料名称与材料属性，单击【确认】。然后，在【用户】目录下选中"Q235B"材料，再次单击【确认】关闭材料库窗口。设置完毕的情形见图 10-11。

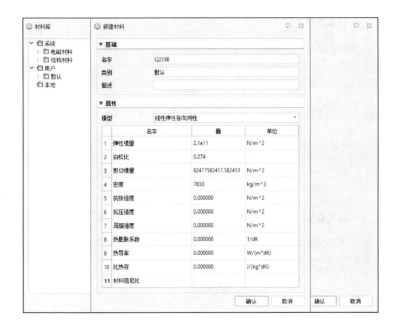

图 10-10　设置材料属性

图 10-11　赋予材料

步骤 7：施加固定约束。在【仿真】管理器下选中【约束】，并单击右键选择【固定约束】。对象类型选择【几何点】，选中线体底部的点，如图 10-12 所示。勾选绿色√，完成固定约束设置。

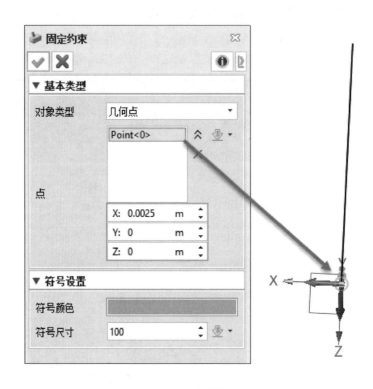

图 10-12   设置固定约束

步骤 8：施加载荷。在【仿真】管理器下选中【机械载荷】，单击右键并选择【力】。对象类型选择【几何点】，选中线体顶端的点，设置大小为 5000N，方向选择 Z 轴，如图 10-13 所示。单击绿色√完成力设置。

步骤 9：生成网格。在【仿真】管理器下选中【网格】，单击右键并选择【生成网格】。设置单元尺寸为 0.3m，不勾选【兼容网格】、【二阶】，如图 10-14 所示。单击绿色√完成网格划分。选中【网格】节点，单击右键并选择【显示节点编号】，可见工字梁共划分为 11 个节点。

步骤 10：检查以及运行计算。切换到【中望结构仿真】页面，在右侧选择【检查】，单击【开始】，软件会自动判断运行仿真所需的条件是否满足，检查完成后如图 10-15 所示。如果没有错误与警告，即可单击【运行】。

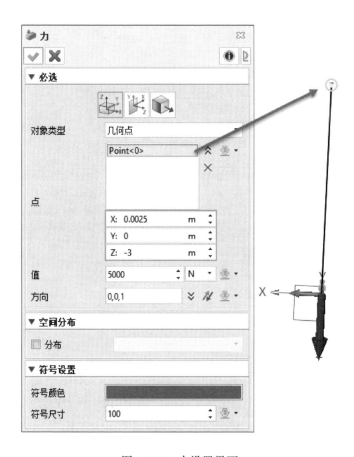

图 10-13   力设置界面

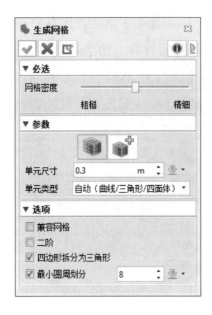

图 10-14　网格设置参数

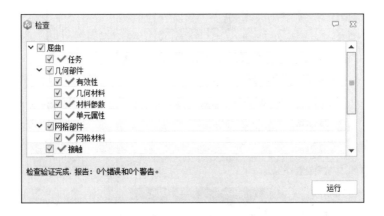

图 10-15　检查结果

步骤 11：图示屈曲模态。计算结束后，软件会自动显示一阶屈曲模态图，如图 10-16 所示。可见一阶屈曲因子为 3.9，意味着如果该工字梁承受3.9 倍载荷，将会出现屈曲。

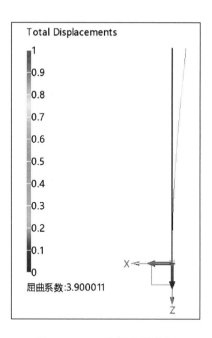

图 10-16　一阶屈曲模态图